Boris-Nicolai Mester

Das Projekt von Dewey/Kilpatrick und das Projekt Mathe 2000 – Inhalte und Methoden und ihre Möglichkeiten und Grenzen im Förderunterricht

GRIN Verlag

Bibliografische Information der Deutschen Nationalbibliothek:

Die Deutsche Bibliothek verzeichnet diese Publikation in der Deutschen Nationalbibliografie; detaillierte bibliografische Daten sind im Internet über http://dnb.d-nb.de/ abrufbar.

Impressum:

Druck und Bindung: Books on Demand GmbH, Norderstedt Germany
ISBN: 978-3-640-16471-4

Dieses Buch bei GRIN:

http://www.grin.com/de/e-book/115368/das-projekt-von-dewey-kilpatrick-und-das-projekt-mathe-2000-inhalte-und

„Das Projekt von Dewey/Kilpatrick und das Projekt Mathe 2000 – Inhalte und Methoden und ihre Möglichkeiten und Grenzen im Förderunterricht“

Schriftliche Hausarbeit im Rahmen der Ersten Staatsprüfung für das Lehramt Sonderpädagogik.

Dem Staatlichen Prüfungsamt Dortmund vorgelegt von
Mester, Boris-Nicolai

Technische Universität Dortmund im Mai 2008

Fachbereich 13

Inhaltsverzeichnis

1. Einleitung

Diese Staatsarbeit mit dem Thema „Das Projekt von Dewey/Kilpatrick und das Projekt Mathe 2000 – Inhalte und Methoden und ihre Möglichkeiten und Grenzen im Förderunterricht“ wurde im Fachbereich 13, Förderschwerpunkt Lernen verfasst.

Zur Auswahl dieser Thematik haben einige Aspekte beigetragen, die ich im Folgenden kurz erläutern möchte. Zum einen studiere ich Mathematik als Unterrichtsfach. In diesem Fachbereich steht das „Projekt Mathe 2000“ im Vordergrund und wird immer wieder vorgestellt und vermittelt. Dabei ist allerdings eine Verknüpfung mit dem Unterricht an Förderschulen für Lernen nicht vorgesehen. Die Inhalte befassen sich hauptsächlich mit den Themen der Grundschule und gehen nicht auf Umsetzungsmöglichkeiten für einen Förderschulunterricht ein.
Andererseits wäre es wünschenswert, wenn auch das Angebot zur möglichen Umsetzung im Fachbereich 13 umfangreicher wäre.

In den Schulen mit dem Förderschwerpunkt Lernen wird zumeist die Didaktik der Mathematik aus der Grundschule adaptiert. Die Richtlinien für den Förderschwerpunkt Lernen, die in Nordrhein-Westfalen noch Gültigkeit besitzen, stammen aus dem Jahr 1977. Es sind zwar schon neue Richtlinien erarbeitet und auch in verschiedenen Gremien vorgestellt worden, aber noch nicht in Kraft getreten. Aber gerade der Unterricht an einer Förderschule mit dem Förderschwerpunkt Lernen ist nicht mit dem Unterricht an einer Grundschule vergleichbar. Denn Schüler/Innen im Förderschwerpunkt Lernen haben differente Beeinträchtigungen. Deswegen ist es notwendig, differenzierte Veranschaulichungen und Arbeitsmaterialien zu verwenden.
Da ich durch das Mathematik-Studium schon einige Erfahrungen mit den Inhalten und Methoden des Projekts Mathe 2000 gemacht habe und ich diese auch für sinnvoll halte, möchte ich mit dieser Arbeit einerseits den Versuch unternehmen, zu schauen inwieweit das Projekt Mathe 2000 auch für den Förderunterricht an einer Schule mit dem Förderschwerpunkt Lernen umsetzbar

und sinnvoll ist. Andererseits möchte ich erläutern inwieweit die Aspekte des Projekts von Dewey/Kilpatrick sich im Projekt Mathe 2000 wiederfinden.

Das folgende zweite Kapitel befasst sich mit historischen Aspekten, die grundlegend für die weitere Arbeit sind. Dazu gehören die Arbeiten Piagets und die der russischen Tätigkeitspsychologie. Zu dem geht dieses Kapitel auf die bildungstheoretischen Hintergründe ein.
Im dritten Kapitel erläutere ich zunächst den Projektbegriff im allgemeinen und gehe auf seine Theorie und seine Geschichte ein. Wichtige biographische Gesichtspunkte im Leben von John Dewey und die Projektmethode nach Dewey und Kilpatrick schließen sich an.
Das vierte Kapitel widmet sich den Merkmalen und Inhalten des alten Mathematikunterrichtes sowie den aus heutiger Sicht relevanten Kritikpunkten.
Das Projekt Mathe 2000, seine Entwicklung und dessen Ideen und Methoden finden sich im fünften Kapitel wieder.
Die Gemeinsamkeiten zwischen dem Konzept Mathe 2000 und dem Projektbegriff von Dewey und Kilpatrick werden im sechsten Kapitel erläutert.
Im siebten Kapitel findet die Verknüpfung des Konzeptes Mathe 2000 mit dem Unterricht an Förderschulen mit dem Förderschwerpunkt Lernen statt.
Das Resümee fasst die Ergebnisse und Einschätzungen, die sich im Verlauf der Auseinandersetzung mit der Fragestellung dieser Arbeit ergeben haben zusammen.

2. Grundlegende historische Aspekte

Zu Beginn geht diese Arbeit zunächst auf historische Aspekte ein, die unter anderem als Basis und Erklärungsansätze für spätere Konzeptentwicklungen dienen können. Dabei ist einerseits die Arbeit Piagets und der Bereich der russischen Tätigkeitspsychologie zu nennen. Andererseits muss in diesem Zusammenhang auch der bildungstheoretische Hintergrund Berücksichtigung finden.

2.1 *Psychologische Aspekte Piagets und der Tätigkeitspsychologie*

Schon Piaget meinte, dass der Austausch zwischen Individuum und Umwelt nur durch ein aktives Individuum stattfindet (vgl. Moser-Opitz 2002). Die Schüler/Innen sollen in Zusammenhängen Lernen und ein operatives Denken entwickeln. Diese sogenannte aktive Aufbauleistung wurde mit den Begriffen Assimilation, Akkomodation, Adaption und Aquilibration bezeichnet, darunter wird eine ständige Auseinandersetzung des Individuums mit der Umwelt verstanden.

Assimilation:
1. meint die Anpassung des Gegenstandes an die vorhandenen kognitiven Strukturen

Aquilibration:
1. meint den Prozess des Strebens nach einem Gleichgewicht zwischen Umweltanforderungen und den kognitiven Strukturen des Individuums

Adaption:
1. meint den Prozess der anpassenden Interaktion, umfasst immer – je nach Situation – Elemente der Assimilation und der Akkomodation

Akkomodation:
- meint die Veränderung beziehungsweise Erweiterung der kognitiven Strukturen der Person in Reaktion auf Umweltforderungen

  (vgl. Reader Selter. Einführung in die grundlegenden Ideen der Mathematikdidaktik)

Durch diesen aktiven Prozess entwickeln sich die kognitiven Strukturen fortlaufend. *„Dieses Verständnis von Entwicklung des Lernens beinhaltet somit, das außenstehende Personen nicht für das Lernen garantieren, sondern dieses höchstens arrangieren und begünstigen können“ (Moser- Opitz 2002, 21f.).* Anders gesagt bedeutet es, dass der Lehrer nicht mehr im Vordergrund des Geschehens steht und den Kindern Strukturen und Wege vorgibt. Er soll

vielmehr eine lernförderliche Umgebung schaffen und den Kindern als Berater und Helfer zur Verfügung stehen. Dadurch erreichen die Schüler/Innen die „Zone der nächsten Entwicklung". Damit ist die Auseinandersetzung des Lehrers mit den nächstmöglichen Entwicklungsschritten der Schüler/Innen gemeint, um eine optimale individuelle Förderung zu ermöglichen.
Die davor liegende Stufe heißt „Zone der aktuellen Entwicklung" und meint die Lernausgangslage. Wichtig bei der „Zone der nächsten Entwicklung" ist, dass der Lehrer weiß welcher Schritt folgt um die nächste Zone zu erreichen. Es gibt auch kein Zeitfenster wann die nächste Entwicklung abgeschlossen ist.

Die psychologische Grundlage der so genannten „Zone der nächsten Entwicklung" ist die russische Tätigkeitspsychologie, die ihre Anfänge in den 30er Jahren hatte. Anstoß war die Oktoberrevolution 1917. Als Oktoberrevolution wird die gewaltsame Machtübernahme der russischen kommunistischen Bolschewiki im Jahre 1917 gegen die aus der Februarrevolution hervorgegangenen Übergangsregierung der sozialdemokratischen Menschewiki unter Kerenski bezeichnet. Diese Machtübernahme bildete den Ausgangspunkt für den Aufbau eines sozialistischen Staates in Russland. Ein weiteres Ergebnis der Oktoberrevolution war der Aufschwung der Volksmassen und die daraus folgende Kraft des Klassenbewusstseins der Arbeiter und Bauern.
Die russische Tätigkeitspsychologie geht davon aus, dass menschliche - physische Funktionen aus den Formen des Verkehrs zwischen Menschen entstehen, analog dazu kann man den Unterricht im Projekt Mathe 2000 sehen, wo die Kinder selbstständig und untereinander Aufgaben lösen sollen. Durch das Hineinwachsen von Außen nach Innen entsteht die Umwandlung der äußeren in eine innere psychische Tätigkeit. Diese ist mit der aktivistischen Sicht des operativen Prinzipes vergleichbar.
Die äußere ist bewusste Tätigkeit, also ein objektiver Prozess. Die bewusste Tätigkeit ist das Mittel, um die Psychologie aus der abgeschlossenen Welt des Bewusstseins herauszuführen.

Hauptmerkmale für die Erkenntnis des seelischen Lebens:

- bewusste Tätigkeit beschreibt nicht nur die passive Tätigkeit sondern ein aktives Tun
- bewusste Tätigkeit beschreibt einen aktiven Menschen
- bewusste Tätigkeit beinhaltet Wahrnehmung, Gedächtnis und Fertigkeiten

Der bekannteste Vertreter der russischen Tätigkeitspsychologie war der Weißrusse Lew Wygotski (1896-1934).
Er prägte den Begriff *„die Zone der nächsten Entwicklung“ (Wygotski 1987, 83).*
Wygotski (1987) definiert: *"Das Gebiet der noch nicht ausgereiften, jedoch reifenden Prozesse ist die Zone der nächsten Entwicklung des Kindes" (ebd.).*
Das Problem bei einer Beobachtung ist häufig, dass nur der Ist-zustand der zu beobachteten Person beurteilt werden kann. Die Frage welche Entwicklung das Kind nun nehmen kann und soll wird zu selten gestellt. Dadurch wird häufig verpasst die Kinder optimal zu fördern. Durch eine gezieltere Förderung entwickeln sie sich schneller.
Außerdem ist es wichtig, dass die Förderung die nächsten Schritte der Entwicklung beinhaltet. Fördert man mit Inhalten des derzeitigen Entwicklungsstandes, schreiten die Kinder nicht so schnell voran und das Lernen ist ineffektiver. Dieses ist vergleichbar mit dem Spiralprinzip aus dem Projekt Mathe 2000, in der auch immer eine ganzheitliche Behandlung vollzogen wird.

Ein weiterer wichtiger Vertreter war der Russe Alexej Leontjew (1903-1979). Er ging davon aus, dass man nicht zur Persönlichkeit geboren wird, sondern man wird zur Persönlichkeit geformt. Er meint damit eine aktive Auseinandersetzung des Individuums mit der Umwelt, die das Individuum gestaltet und formt. Gerade durch soziale Beziehungen eignet sich das Kind das kulturelle Erbe einer Gesellschaft an.
Diese aktive Tätigkeit findet sich im handlungsorientierten Unterricht wieder.
Die Idee des handlungsorientierten Unterrichts geht bis ins 17. Jahrhundert zurück. Schon Johann A. Comenius forderte die Stoffvermittlung durch die Berücksichtigung aller Sinne zu erleichtern.

Diese Handlungsorientierung im Unterricht soll den Schüler/Innen ermöglichen selbstständig Aufgaben zu bewältigen und im sozialen Austausch mit anderen Schüler/Innen und im Klassenverband verschiedene Lösungswege zu diskutieren. Dadurch lernen sie auch den eigenen Lösungsweg vorzustellen und zu erläutern. Auch hier finden sich Inhalte und Methoden des Projekts Mathe 2000 wieder, wie zum Beispiel die Möglichkeit auf verschiedene Lösungswege zurückzugreifen.

Der handlungsorientierte Unterricht hat als psychologische Grundlage die „Kognitive Psychologie".
Die kognitive Psychologie versucht das Wesen der menschlichen Intelligenz und des menschlichen Denkens zu verstehen. Seit mehr als 2000 Jahren wird über kognitive Vorgänge geschrieben - in den abendländischen Kulturkreisen bis zu den alten Griechen Platon und Aristoteles - doch erst seit 100 Jahren werden diese Vorgänge auch wissenschaftlich untersucht, man forscht nach grundlegenden Mechanismen des menschlichen Denkens. Denn vor dem 19. Jahrhundert schien es undenkbar die Tätigkeit des menschlichen Geistes mit naturwissenschaftlichen Methoden zu untersuchen, wegen eines egozentrischen, mystischen und verworrenen Selbstverständnisses.
Zwischen dem 17. und dem 19. Jahrhundert entwickelte sich eine Debatte über die kognitive Entwicklung, woraus zwei konträre Positionen entstanden. Zum Einen die Empiristen (Locke, Hume, Mill), die davon ausgingen, dass alles Wissen auf Erfahrung zurückzuführen war und zum Anderen die Nativisten/Rationalisten, die davon ausgingen das Wissen zum großen Teil angeboren war (Descartes, Kant).

Die kognitive Psychologie geht von kognitiven Fertigkeiten, die erlernt werden, aus und teilt diese in drei Phasen:

1. kognitive Phase: Beschreibung der Prozedur wie gelernt wird
2. assoziative Phase: Methoden zur Durchführung der Fertigkeiten werden ausgearbeitet
3. autonome Phase: Fertigkeiten werden immer schneller und automatischer

2.2 *Bildungstheoretischer Hintergrund*

Die Kritik am Schulwesen entstand nicht erst durch die Reformpädagogen oder durch die Studentenbewegung in den 60er Jahren. Diese Kritik hat eine lange historische Tradition und geht weit in der Geschichte zurück.

Schon vor zweitausend Jahren war man der Auffassung, dass Schule Lebensferne und Lebensfremdheit beinhaltet, dieses wurde zum ersten Mal vom römischen Philosophen Seneca in einem Zitat, welches heute immer noch Bedeutung hat, festgehalten. *„non vitae, sed scholae discimus", (nicht für das Leben, sondern für die Schule lernen wir. Seneca 1995, 626 f.).*

In Deutschland waren es vor allem die Anhänger der Reformpädagogik und die Studentenbewegungen in den 60er Jahren, die für ein verändertes Schulsystem standen. Den Schülern sollte ein höheres Mitbestimmungsrecht gegeben werden, damit die Interessen der Schüler mit in den Unterricht einbezogen werden können.

Die Schule sollte nicht länger lebensfremd und nur auf Faktenwissen basieren. Es soll ein Unterricht entstehen, in dem Schüler und Lehrer gleichberechtigt lehren und lernen. Der kindliche Lebensweltbezug steht mit im Vordergrund der Vorstellungen der Reformpädagogen. Der Schüler soll „aktiv" werden und versuchen, selbstständig und selbsttätig zu lernen. Der Lehrer soll indessen im Hintergrund bleiben und angemessene Lernvoraussetzungen für die Kinder schaffen, er steht aber weiterhin als beratender Helfer und Organisator den Kindern zur Verfügung.

Die politische Kritik der Studenten zielte nicht nur auf die Trennung von Theorie und Praxis in den Hochschulen ab, sondern beinhaltete auch die Kritik am Fehlen jeglicher Mitbestimmungs- und Kontrollmöglichkeiten. Im Zuge der Einrichtung von integrierten Gesamtschulen in den 60er Jahren, gewann die Kritik auch für die Schulen an Bedeutung, denn dadurch, dass in zunehmenden Maße in der Berufswelt Handlungszusammenhänge gefordert wurden, die eine ständige Kooperation verschiedener Spezialisten beinhalteten. Das bedeutet für die Schule und auch für die Universität, dass sie ihren Schülern bzw. Studenten das Arbeiten im Team ermöglichen müssen, damit sie für den immer komplexer werdenden Arbeitsmarkt qualifiziert sind. Die Kritik am Schulwesen ist daher eine logische Folge aufgrund unzureichenden Erlernens von komplexen Handlungsabläufen und Teamarbeit in der „alten Schule".

3. Das Projekt

Dieses Kapitel beschäftigt sich mit den historischen und theoretischen Aspekten des Projektes, um den Begriff Projekt zunächst allgemein zu erläutern. Einige biographische Aspekte Deweys wirkten sich auf seine späteren Arbeiten aus und fließen daher in die Arbeit mit ein. Seine Ausführungen zum Projekt, die er gemeinsam mit Kilpatrick verfasst hat, schließen sich daher an das biographische Kapitel an. Die Projektmethode nach Dewey und Kilpatrick ist relevant, um im späteren Verlauf dieser Arbeit auf mögliche Zusammenhänge und Gemeinsamkeiten mit dem Projekt Mathe 2000 einzugehen.

3.1 Geschichte und Theorie

Der Begriff Projekt stammt vom lateinischen Wort „projicere" ab und bedeutet voraus werfen, entwerfen, planen, sich vornehmen (vgl. Brockhaus.1956).
Projekt bedeutet im Allgemeinen die Planung und Durchführung eines größeren Vorhabens, so wird das Projekt in der Industrie und Wissenschaft verwendet.
In Bezug auf Schule bedeutet Projekt allgemein: Selbsttätigkeit der Schüler bei der Planung, Durchführung und Beurteilung von Unterricht, Abbau der Lehrerdominanz, problemorientiertes Lernen und Handeln, Überbrückung der Unterschiede zwischen schulischem und außerschulischem Lernen. Das Projekt unterscheidet sich von anderen Methoden in vier Punkten:

- es muss eine Aufgabe enthalten
- die Arbeit muss einen größeren wichtigen Arbeitsvorgang umfassen
- Verantwortung des Schülers für die Planung und Durchführung
- Das Projekt muss auf die Lösung einer Aufgabe gerichtete Tätigkeit besitzen

Der Ablauf des Projektverfahrens wird allgemein so beschrieben:

- Zielsetzung (purposing)
- Planung (planning)
- Ausführung (executing)
- Beurteilung (judging)

Der Zeitfaktor spielt während eines Projektes eine wichtige Rolle, dieser wird mit einem allgemeinen und einem besonderen Grund begründet.
Der allgemeine Grund beinhaltet, dass ein Projekt aus mehreren Komponenten besteht und dass es daher notwendig ist, nach größeren Arbeitsschritten sogenannte Fixpunkte zu legen, um über das bisher Geleistete zu reflektieren und etwaige Probleme oder Veränderungen zu diskutieren.
Wenn ein Projekt einen zeitlichen Rahmen besitzt, können die einzelnen Komponenten leichter zusammengelegt werden.
Der besondere Grund beinhaltet, dass die gegenwärtigen Bildungsinstitutionen sehr stark durchorganisiert sind. Dadurch entsteht ein komplexes System mit vielen kleinen Komponenten, sodass kaum Zeitblöcke von mehreren Stunden hintereinander für ein Projekt zur Verfügung stehen. Daher ist es kaum zu realisieren ein Projekt spontan zu verwirklichen, sondern es bedarf einer intensiven Vorbereitung.

Im Zusammenhang mit dem Projekt wird auch immer von dem „Vorhaben" (Reichwein) gesprochen. Es wird in dieser Arbeit nicht weiter auf das „Vorhaben" eingegangen, es werden lediglich Unterschiede in den Strukturmomenten nach *Stach (1978, 27)* erläutert:

„Projekt:

- *Motivation*
- *Planbarkeit*
- *Ernsthaftes Engagement*
- *Zielgerichtetheit*
- *Individuelles und kooperatives Handeln*
- *Hingabe des Kindes*
- *Verantwortlichkeit*
- *Ergebnis und Abschluss*
- *Aufgabenbeurteilung*

Vorhaben:

- *Bedingte Planbarkeit*
- *Ernstsituation*

- *Zielorientiertheit*
- *Gemeinsames Handeln*
- *Hingabe an das gemeinsame Werk*
- *Vollendungswillen*
- *Werkvollendung"*

Um die Ursprünge des Projektes in der Geschichte zu erfahren, muss man bis zur Mitte des 18. Jahrhunderts zurückgehen, dort war die erstmalige Verwendung in unserem Sinne an den Kunstakademien Italiens und Frankreichs. An der Pariser Akademie Royale d'Architecteure hatten Studenten die Aufgabe möglichst kreative Bauten zu planen und dann in Kooperation mit anderen Studenten diese Projekte zu verwirklichen. Danach kamen die Ideen des Projektes an die technischen Hochschulen in Europa und den USA.
Charles A. Richards soll in den ersten Jahren des 20. Jahrhunderts den Begriff Projekt als Erster in einem veröffentlichten Artikel verwendet haben. Dieser Begriff wurde kurze Zeit später von J.A. Stevenson in seinen Berufsschulen für landwirtschaftliche Kurse in Massachussets verwendet. Daraus folgte dann im Jahre 1911 die erste Definition von einem Projekt, welche durch die staatliche Schulbehörde von Massachussets verfasst wurde: *„Schließlich ist ein landwirtschaftliches Projekt (...) eine Arbeit auf einem Bauernhof, die in ihrer Vorbereitung und Ausführung einen gründlichen Erziehungsprozeß einschließt" (Stach 1978, 11).*
Im Jahre 1918 wurde diese erste Definition von der Bundesbehörde für Berufserziehung in ähnlicher Weise umschrieben und gilt als die erste offizielle amtliche pädagogische Definition, welche auch in den folgenden Jahren von Schulleitern, Schulräten etc. so verstanden wurde: *„Das Projekt als eine umfassende Aufgabe praktischer, konkreter und werklicher Art, die das Interesse des Schülers herausfordert und bei ihrer Ausführung die Kräfte des Planens weckt. Er muß aber das Projekt nicht nur planen, sondern es auch in seiner natürlichen Umgebung lösen" (Stach 1978, 12).*

Durch John Dewey und seinem Schüler William Heard Kilpatrick erhielt der Begriff neue Akzente. Kilpatrick definierte das Projekt neu: *„Jedes von einer Absicht geleitete Sammeln von Erfahrungen, jedes zweckgerichtete Handeln,*

bei dem die beherrschende Absicht als innerer Antrieb (1.) das Ziel der Handlung bestimmt, (2.) ihren Ablauf ordnet und (3.) ihren Motiven Kraft verleiht" (Stach 1978, 13).
Ins Zentrum der Argumentation rückt hier das individuelle Lernbedürfnis des Lernenden, es geht um die Organisation handlungsorientierten Lernens.
Kilpatrick war der Meinung, dass wegen des grundlegenden gesellschaftlichen und technischen Wandels Erziehung nicht mehr die eine Vorbereitung für vorausbestimmbare Lebensverhältnisse sein kann, wenn die Zukunft unbekannt ist, so muss die folgende Generation „exemplarisch" lernen, Probleme dann aufzugreifen und zu lösen, wenn sie auftauchen.
Im Vordergrund steht bei Kilpatrick nicht „know that" (faktenorientiert) sondern „Know-how" (prozessorientiert). Er weist vor allem auf die charakterbildenden Leistungen des Projektes hin. Ein pädagogisches Projekt ist für ihn eine aus ganzem Herzen gewollte, absichtsvolle Tätigkeit, die in einer sozialen Umgebung stattfindet (vgl. Stach. 1976).

Eigentlich war es erst Kilpatrick, der den Begriff des Projektes prägte, wenngleich der Erziehungsgedanke von Dewey in seinen Überlegungen schon impliziert ist. Die Projektarbeit ist bei ihnen nicht nur auf den praktischen und methodischen Aspekt beschränkt, sie verbinden mit dem Projektbegriff auch inhaltliche, strukturelle und organisatorische Veränderungen. Der Projektbegriff wird somit zu einem Erziehungsprinzip ausgeweitet.
Dewey leitet daraus ein Erziehungsziel der Schule ab - das Erkennen von Kausalbeziehungen zwischen Mittel und Zweck. Er fordert außerdem nach *Laubis: „ geplante und kindgemäße „vernünftige Aktivität" die „die Auswahl von Mitteln – die Analyse – aus einer Vielzahl gegebener Bedingungen und ihre Anordnung – die Synthese – zur Verwirklichung eines angestrebten Zwecks oder Ziels einbegreift" (Laubis 1976, 18).*
Die „vernünftige Aktivität" findet sich bei Kilpatrick als planvolles Handeln wieder.

Der Begriff des Projektes ist kein Produkt der neueren deutschen Mathematikdidaktik, obwohl der Projektbegriff erst Mitte der 80er Jahre Eingang in vielen deutschen Grundschulen fand, tauchte der Projektbegriff Mitte der

20er Jahre zum ersten Mal auf, während die Gesellschaft in politischen und sozialen Umbrüchen war.

Der Projektbegriff war wie heute mit der Forderung verbunden, dass die Schule den Schülern mehr Handlungsspielraum beim Lernen zur Verfügung stellen soll. Dadurch sollte den Schülern das Erlernen von Selbsttätigkeit und Selbstständigkeit ermöglicht werden.

3.2 Biographische Aspekte Deweys

Schreier teilt Deweys Leben in drei Hauptphasen ein: *„Im biografischen Zusammenhang von Deweys Leben lassen sich drei Hauptphasen unterscheiden, die geographischen Räumen entsprechen: die Phase des Studiums der Kantschen und Hegelschen Philosophie findet im Einflussbereich Neuenglands statt (...). Die insgesamt zwanzig Jahre im Mittleren Westen beinhalten die Phase des Durchbruchs zum pragmatischen Denken und Handeln (...) sein Denken kann in dieser Phase als zukunftsgerichtet bezeichnet werden, da es um Entwürfe des künftigen Schulwesens und der künftigen Gesellschaft kreist. Die dritte Phase spielt sich an der Ostküste ab (...) in seiner Diskussion vor allem der ethischen und religiösen Aspekte tritt hier Deweys Verhältnis zur gegebenen Situation verstärkt in den Vordergrund (...) so verfolgt er in diesen Jahrzehnten die Auflösung des Vergangenen und des Zukünftigen im Gegenwärtigen“* (Dewey. 1986, 17).

John Dewey wurde am 20. Oktober 1859 in einer kleinen Stadt namens Burlington im Staat Vermont geboren. Er wuchs als dritter Sohn des Händlers Archibald S. Dewey und seiner Lebensgefährtin Lucina auf.

Seine Kindheit verbrachte er in einem ländlichen Umfeld, welches auch seine Vorstellungen vom Schulleben beeinflusste. Das ländliche Leben war geprägt von der Verbindung von Kopf- und Handarbeit und die Diskussionen über das gesellschaftliche Zusammenleben, wozu jeder seine Meinung äußern konnte.

Diese kindlichen Erfahrungen spiegeln sich auch in seinem Erziehungsgedanken und seinen Vorstellungen von Schule wieder, worauf im späteren Verlauf dieses Kapitels noch eingegangen wird.

Ein zweiter Aspekt der Dewey beeinflusste war die gesellschaftliche Vorstellung eines puritanischen Lebens („*Puritaner, seit Mitte des 16. Jahrhunderts Bezeichnung für alle streng kalvinistisch gesinnten englischen Protestanten, die auf persönlichen Heilsglauben, Einfachheit und enge Moral drängten und das Episkopalsystem - im römisch katholischen, Kirchenrechte die Ansicht, wonach die oberste Kirchenmacht in der Gesamtheit der Bischöfe und ihrem allgemeinen Konzil beruht. Im Gegensatz zu dem jetzigen herrschenden Bapal- oder Kurialsystem, das sich als die unumschränkte Machtvollkommenheit des Papstes darstellt - der Staatskirche ablehnten*“) *(Brockhaus 1925, 690).*
Das Studium der Wissenschaft stellt für die Puritaner eine gottgefällige Arbeit dar, sodass auch in kleineren Städten oder Dörfern die Möglichkeiten bestanden, sich durch Bücher intellektuell weiterzubilden.
Nach seinem Collegeabschluss und einer zweijährigen Lehrertätigkeit geht John Dewey im Jahre 1882 an die John-Hopkins-Universität in Baltimore, wo er ein Studium der Philosophie des deutschen Idealismus anfängt. Zwei Jahre später promoviert er zum Doktor der Philosophie und weitere zwei Jahre später wird er Professor für Philosophie an der Universität von Minnesota.

1896 gründet er die Laborschule, die auch unter dem Namen „Dewey Schule“ bekannt wurde. Diese Schule stellt ein didaktisches Experiment dar und soll frei von der amtlich vorgeschriebenen Pädagogik sein. Diese Form von Schule spiegelt Deweys Erziehungsgedanken und die damit verbundene Kritik am Schulwesen wieder. John Dewey stellt sich eine für ihn „normale“ Schule folgendermaßen vor:

- Schüler dort abholen, wo sie gerade stehen
- Kinderorientierung; Wissenschaft als Leitfaden
- Erziehung zur Selbstwirklichkeit
- Kind und Fach im pädagogischen Prozess verbunden
- Geeignete Lernumgebung
- Kinder gehen von Erfahrungen aus, Kinder denken individuell ganzheitlich

Nach Dewey besitzt niemand allein Wahrheit oder auch das einzig richtige, pädagogische Wissen. Daraus folgt, dass sich jeder Unterricht auch an der

Lebenspraxis zu orientieren hat. Dewey lehnt systematisches Wissen nicht ab, mit diesem allein ist aber nicht Bildung im Sinne einer demokratischen Gesellschaft zu erzeugen. Die Beschäftigung mit einer Aufgabe erfordert nicht nur Kritik der Aufgabenstellung, sondern auch einen Lösungsbeitrag zum Problem. Zuerst wird eine Präzisierung des Problems angestrebt, dann folgt das Entwerfen eines Lösungsansatzes und dann die Simulierung der Lösung (logisch probieren, experimentell überprüfen).
Die letzten Jahre seines Lebens waren von vielen Auslandsreisen geprägt, am 1. Juni 1952 stirbt John Dewey in New York.

3.3 Die Projektmethode nach Dewey und Kilpatrick

Bevor die Projektmethode von John Dewey und William Kilpatrick erläutert wird, soll der Pragmatismus erklärt werden, da dieser Aspekte aufweist die eng mit der Projektmethode von John Dewey vergleichbar sind.

Der Pragmatismus entstand um die Wende zum 20. Jahrhundert in den USA. Die bedeutendsten Vertreter waren John Dewey und der Soziologe George H. Mead (1863-1931).
Der Pragmatismus versucht, die moralische Beurteilung von Problemen, mit der Frage nach ihrer Lösbarkeit zu verknüpfen. Im Vordergrund steht nicht das Nachdenken über Ziele, sondern die Suche nach optimalen Lösungsstrategien.
Die intensive Beschäftigung mit dem Normproblem ist ein weiterer Bestandteil des Pragmatismus, es wird auf die Frage reduziert, wie vorgegebene Normen das kommunikative Handeln den einzelnen Menschen steuert.
Die Hauptfrage im Pragmatismus ist, was Menschen tun können um Probleme zu lösen. Georg H. Mead entwickelte aus dem Pragmatismus eine Theorie menschlicher Kommunikation. Hauptaspekt dieser Theorie war, dass ein Mensch seine Identität in der Interaktion mit anderen Menschen entwickelt. Aus dieser Theorie entwickelte sich nach 1945 die uns heute bekannte Rollentheorie.

Dewey sieht in der Projektmethode eine große Möglichkeit, Bildung im Sinne einer demokratischen Erziehung zu realisieren, wozu er es als unbedingt erforderlich ansieht, jeden Unterricht auf die Lebenspraxis zu beziehen.

Projektunterricht ist besonders auf das soziale Lernen ausgerichtet. Aber Projektunterricht wurde in der Reformpädagogik eher als ein methodisches, unterrichts-technisches Organisationsprinzip begriffen und weniger als eine eigenständige didaktische Konzeption mit einem radikal demokratischen Anspruch, auch wenn die gesellschaftspolitischen Bestrebungen nicht unbedeutend waren.

Kilpatrick bestimmt in seiner ersten Studie als Sinnkriterien des Projektes das planvolle Handeln aus vollem Herzen in einer sozialen Umgebung. Diese erste Begriffsbestimmung behält er ohne wesentliche Wandlungen in all seinen späteren Studien bei. In seinem Werk spiegelt sich seine Lebensauffassung wider: Das menschliche Leben besteht dort, wo es noch in sich ruht, aus dem aus vollem Herzen kommenden Plan, der in einer sozialen Umgebung konzipiert und umgesetzt wird. Nur planend vermag sich das menschliche Leben zu entwickeln und dieser Prozess ist um so fruchtbarer, je unmittelbarer er vom Menschen in voller Überzeugung getragen wird und je wirksamer er in die soziale Umwelt gestaltend eingreift.

4. Inhalte und Methoden des alten Mathematikunterrichtes

Das Zitat *„Am besten lehrt man eine Tätigkeit, indem man sie vorführt."* (www.algebra.tuwien.ac.at/institut/lehramt/unterrichtsplanung/Didskr00_1.doc, 17) von Comenius am Anfang dieses Kapitels erläutert den Grundgedanken des alten Mathematikunterrichtes.

Bevor die Inhalte und Methoden des alten Mathematikbildes näher betrachtet werden, wird zunächst die Geschichte der Mathematik erläutert.

Da sich die Entwicklung der Mathematik über Jahrtausende entwickelt hat, werden hier nur die ersten Anfänge der Mathematik beschrieben um dann auf die „neuere" Mathematik im 20. Jahrhundert einzugehen.

Aufgrund eines Knochenfundes in Afrika in den 60er Jahren wurden Spekulationen geäußert, dass die Mathematik schon vor über 20.000 Jahren entwickelt wurde. Man vermutete, dass der Knochen, mit Zahlen beschriftet, eine Art Mondkalender darstellen sollte. Diese Spekulationen und Vermutungen wurden jedoch nie bewiesen. Deswegen geht man davon aus, dass die Anfänge der Mathematik in Ägypten und Babylonien in der Zeit von (6000 – 2000 v. Chr.) entstand.

Zu dieser Zeit wurden die Menschen sesshaft und begannen mit der landwirtschaftlichen Produktion von Lebensmitteln. Durch diese Sesshaftigkeit entstand eine lokale Wirtschaft mit einer aufkommenden Klassengesellschaft. Aus kleinen Stämmen entstanden immer größere und komplexere Gesellschaften. Es mussten Abgaben bezahlt und eingetrieben werden. Man geht des Weiteren davon aus, dass die ersten Zahlen um 3000 v. Chr. in Ägypten und Mesopotamien aufgeschrieben wurden.

„Die Ägypter benutzten z. B. eine dekorative, dezimal gegliederte Zahlenschreibweise. Sie hatten für jede Zehnerpotenz 10^0 bis 10^6 eine Hieroglyphe":

Hieroglyphe	Wert	Bedeutung
I	$1 = 10^0$	Merkstrich oder Zeigefinder
∩	$10 = 10^1$	ein Bügel oder Huf
𓍢	$100 = 10^2$	eine aufgerollte Meßschnur
𓆼	$1.000 = 10^3$	eine Lotusblume
𓂭	$10.000 = 10^4$	ein gekrümmter Zeigefinder
𓆐	$100.000 = 10^5$	eine Kaulquappe
𓁨	$1.000.000 = 10^6$	der Gott der Unendlichkeit

(http://www.epischel.de/studium/vorgriechische_Mathematik/am_zz.html).

Unsere heutige Mathematik hat einen dekadischen Aufbau des Zahlsystems. Dieses ist durch zwei Prinzipien gekennzeichnet:

a) Prinzip der fortgesetzten Bündelung, die Größe der Bündel = Basis b (Basis 10)

b) Das Stellenwertprinzip, die Notation der Bündelungsergebnisse ergeben eine Ziffernfolge
- Jede Ziffer: Anzahlaspekt (Wie viele Bündel sind es ?)
- Stellenwert (Die Position bestimmt den Wert): wert-zuweisende Stellen = Stufenzahlen = Potenzen der Basis b
- Ziffernvorrat des Systems aus der Menge (0, 1, 2, 3, . . ., b-1)

Der „alte" Rechenunterricht war geprägt von der monografischen Zahlbehandlung. Jede Zahl und die dazu gehörigen Operationen wurden behandelt bevor die nächst höhere Zahl behandelt wurde. Die Schüler/Innen sollten die Zahlen kennen lernen. Diese mathematische Komplizierung sollte dazu dienen, eine sorgfältige Stufung und Isolierung der Schwierigkeiten zu gewährleisten. Es diente der Reduktion von Komplexität. Aufgaben in inner- und außermathematischen Sinnzusammenhängen wurden erst zum Abschluss behandelt. Die Schüler vollzogen vorgegebene Rechenwege und der Lehrer kontrollierte und korrigierte.

Außerdem war der Unterricht davon geprägt, dass man die schriftlichen Rechenverfahren bevorzugte. Diese sollten den Schüler/Innen die nötige Sicherheit im Umgang mit der Mathematik bieten. Die schriftlichen Rechenverfahren ließen die einzelnen Leistungen messbarer machen und sie waren leichter nachzuvollziehen. Des Weiteren wurden dadurch weniger Fehler produziert und schwächere Schüler hatten immer häufiger Erfolgserlebnisse. Gerade die Fehlervermeidung in den verschiedenen Rechenoperationen war ein erklärtes Ziel dieser Mathematikphilosophie, denn der Druck der weiterführenden Schulen war enorm. So wollte man die Schüler/Innen optimal auf die höheren Schulen vorbereiten.

Das schematische Rechnen und vorgegebene Lösungswege waren ebenfalls festgeschriebene Mechanismen, die das „alte Mathematikbild“ geprägt haben. Der Lehrer stand im Vordergrund des Unterrichts, überprüfte und korrigierte die Leistungen der Schüler/Innen, die, wie oben erwähnt, nach mechanisierten und festgesetzten Strukturen rechneten. Der Lehrer hatte folgende Aufgaben zu bewältigen:

Der Lehrer,

- gab ein klares und enges Lernziel vor
- erarbeitete den Stoff durch Belehrung
- gab Hilfe um die gewünschten und vorgegebenen Antworten zu bekommen
- trug allein die Verantwortung
- spaltete den Stoff in kleine Lernabschnitte

(vgl. 10 Jahre Mathe Projekt 2000)

Der Unterricht war von einer Kleinschrittigkeit und einer fortschreitenden Komplizierung geprägt. Die Kleinschrittigkeit sollte den Schüler/Innen die Möglichkeit bieten die einzelnen Zahlen erstmal kennen zu lernen um dann mit ihnen zu arbeiten. Es wurde erst eine Reihe abgeschlossen bevor eine Neue angefangen wurde. Dies bedeutete, dass früher Lernen und Üben eher als Gegensätze gesehen wurden.

Dieses kleinschrittige Vorgehen spiegelt die behavioristische Sichtweise wider. Sie sieht eine intensive Übungspraxis und eine systematische Aufbauleistung vor (vgl. Krauthausen/Scherer, 2007). Diese Ideen finden sich auch in dem Kultusminister-Postulat von 1955 wieder. Dort wurde Folgendes festgehalten:

1) Erfolg im Mathematikunterricht ist nur durch das Prinzip der kleinen Schritte möglich
2) Das Lernen soll vom Einfachen zum Schweren vollzogen werden
3) Diese Ideen gelten für alle Altersstufen

(vgl. Krauthausen/Scherer, 2007).

Die fortschreitende Komplizierung sorgte dafür, dass es eine Isolierung der Schwierigkeiten gab, also eine Reduktion der Komplexität. Die Aufgaben aus den inner- bzw. außermathematischen Sinnkontexten wurden erst zum Anschluss behandelt. Des Weiteren rechnen die Kinder nur nach vorgegebenen Rechenwegen und der Lehrer kontrolliert und korrigiert.

Ziel dieses Rechenunterrichtes war das Erlernen von mechanisierten Abläufen. Um diese geforderten Handlungen zu erreichen, machten sich die Lehrer die Päckchenaufgaben zunutze. Diese Päckchenaufgaben sind sehr schematisch aufgebaut.

6+2 =	1+2 =
5+2 =	3+4 =
4+2 =	5+6 =
3+2 =	7+8 =
2+2 =	9+10 =

4.1 Kritik am alten Mathematikunterricht

Ein großer Kritikpunkt ist die defizitorientierte Wahrnehmung bei Lösungen von Schüler/Innen. Hierzu ein kleines Beispiel:

Im Zahlenraum bis 100 spricht man in der deutschen Sprache zuerst die Einer und dann die Zehner (acht und neunzig), man schreibt aber 98. Aber ab der 100 gilt diese Regelung nicht mehr. Dort wird nicht mehr von „klein nach groß" gelesen, sondern einhundert – acht- und neunzig. Durch die nicht weiterführende stringente Einhaltung der Zahlwortreihe entstehen bei den Schüler/Innen häufig Probleme. Sie sagen dann häufig acht und neunzig, neun und neunzig, einhundert, zweihundert. Sie meinen aber 101, 102,... .
Die Kinder sagen, wie im Hunderterraum zuerst den Einer und dann den Zehner bzw. den Hunderter. Gerade im Zahlenraum über Hundert kann dies häufig zu Fehlern führen. Sie sagen (einhundert – neun – und fünfzig) meinen aber 195.
Gerade Erwachsene sehen hier nur die Fehler der Schüler/Innen, weil die verwendete Zahlwortbildung nicht der Norm entspricht und Abweichungen von der Norm bedeutet Fehler und Fehler sind schlecht. Fehler sollte man schon im Vorfeld vermeiden.
Durch eine solche Sichtweise werden Kinder entmutigt und immer wieder korrigiert, ohne dass sich jemand intensiv mit den verschiedenen Lösungen der Kinder auseinandersetzt. Man sollte jedoch den Kindern nicht immer vorhalten was sie schlecht machen, sondern ihnen in einem Gespräch aufzeigen was sie gut machen und ihnen versuchen die Fehler konstruktiv aufzuzeigen, denn Fehler sind ein Teil des Lernprozesses.
Im Anschluss daran sollte man Lernanregungen für die weitere Auseinandersetzung mit dem Thema geben. Die Schüler sollen verstehen woran sie noch arbeiten müssen, sie sollen zum Denken angeregt werden. Dadurch wird der kognitive Lernprozess gefördert.

Laut Scherer (1995) ist es gerade die Aufgabe der Lehrperson den Schüler/Innen die Misserfolgsängstlichkeit gerade am Anfang ihrer Schullaufbahn zu nehmen. Insbesondere für Kinder ist es enorm wichtig mit

Misserfolgen konstruktiv umgehen zu können, denn wenn Kinder diese Erfahrungen nicht machen ergeben sich für sie im späteren Verlauf Schwierigkeiten im Hinblick auf den Umgang mit komplexeren Aufgaben.

Ein weiterer Kritikpunkt an dem „alten Mathematikbild“ sind die vorgeschriebenen festen Lösungswege, denn gerade sie erzeugen bei den Schüler/Innen nur ein Auswendiglernen und regen zum „stupiden“ Nachahmen an. Gerade diese Mechanisierung kann besonders bei späteren Transferleistungen hinderlich sein. Außerdem verhindert die Mechanisierung das flexible Reagieren auf unterschiedliche Aufgabentypen und hindert die Schüler/Innen daran ein langfristiges strukturiertes Lernen zu entwickeln. Diese vorgegebenen Mechanismen fördern nur das kurzfristige Lernen.

Das häufig kleinschrittige Vorgehen im Unterricht ist ein weiterer Kritikpunkt am „alten Mathematikbild“. Diese Kleinschrittigkeit beinhaltet das erst eine 1X1 Reihe abgesichert wird bevor man die nächsten Reihen erlernt. Aber besonders im 20-er Raum ist es für spätere Transferleistungen sinnvoller den 20-er Raum ganzheitlich/ beziehungsreich zu behandeln. Denn gerade in diesem Zahlenraum besteht die Gefahr, dass Kinder durch Abzählen auf die verschiedenen Lösungen kommen und sie dann in größeren Zahlenräumen mit dieser Strategie die Aufgaben nicht mehr leisten können. Deswegen ist ein ganzheitliches und beziehungsreiches Beschäftigen sehr wichtig.

Des Weiteren wird durch ein kleinschrittiges Rechnen die Fähigkeit Aufgaben selbst zu durchdenken nicht entwickelt. Dadurch wird das Rechnen und Denken entkoppelt und diese Art des Aufbaues des Unterrichtes ist nicht auf Langzeiterfolge ausgerichtet.
Durch ein kleinschrittiges Vorgehen können die Schüler/Innen im späteren Verlauf die Zahlen nicht zueinander in Beziehung setzen. Um Zahlen in Beziehungen zu setzen muss erst der Kontext der Zahlen verstanden worden sein.
Doch wurde die Ablösung des Prinzipes der kleinen Schritte erst Mitte der 80er Jahre durch das Prinzip des aktiv-entdeckenden Lernens abgelöst. Auch der Lehrplan für den Mathematikunterricht von Nordrhein-Westfalen von 1985 legte

zum ersten Mal das Prinzip des aktiv-entdeckenden Lernens fest (vgl. Krauthausen/Scherer, 2007).
Verfechter des aktiv–entdeckenden Lernens sagen heute noch, dass dieses Prinzip nur für gute Schüler geeignet ist, aber gerade für schwächere Schüler ist das Herstellen von Zusammenhängen sehr wichtig. Außerdem besteht die Möglichkeit von unterschiedlichen Schwierigkeitsniveaus.
Auch die Vorgabe, das Mathematik nach einem festen Plan allen zugleich gelehrt werden soll muss man kritisch sehen. Denn die Lehrer sollen die Schüler/Innen verstehen und nicht belehren. Den Kindern soll die Möglichkeit gegeben werden, sich eigene Wege und Denkweisen zu verschiedenen Aufgaben zu überlegen.
Des Weiteren kann das Präsentieren von Aufgaben und Lösungswegen sowie deren Diskussion das soziale Lernen innerhalb einer Gruppe fördern.
Der feste Plan nach dem Mathematik gelehrt werden soll verhindert eine inhaltliche und methodische Öffnung des Unterrichts.
Durch die inhaltliche Öffnung entwickelt sich bei den Kindern weniger Routineverhalten und die Zahlenräume sind für die Kinder nicht mehr beschränkt. Durch eine methodische Öffnung wird das Prinzip des Vormachen und Nachmachen revidiert.

Die im „alten Mathematikunterricht" bevorzugten schriftlichen Rechenverfahren werden heute auch eher kritisch gesehen. Häufig stehen bei Lehrer/Innen in den Klassen 3 und 4 die Schnelligkeit und Sicherheit bei den schriftlichen Verfahren im Vordergrund und gelten oft als das erklärte Ziel für diese Klassen.
Aber Kinder sollten ihre eigenen Erfahrungen bei mathematischen Aufgabenstellungen machen. Der Lehrer/In soll eine Orientierung geben und die Schüler zu Kreativität und Individualität anregen. Beim schriftlichen Rechen gibt es nur ein Verfahren, welches dann automatisiert wird. Schüler/Innen haben häufig Probleme, wenn sie dieses Format nicht verstehen und ihnen die Möglichkeit genommen wird eigene Lösungswege durch die halbschriftlichen Rechenstrategien zu erlangen.

5. Das Projekt Mathe 2000

Den Anfang möchte ich mit einem Zitat beginnen, welches die Idee des Projektes Mathe 2000 widerspiegelt und welches auch den Unterschied zum „alten Mathematikunterrichtes“ aufzeigt: „Wir können nicht lernen, wenn wir keine Fehler machen dürfen. Die Angst vor Fehlern hindert uns daran, Neuland zu betreten“ (http://sinus-transfer.uni-bayreuth.de/fileadmin/MaterialienBT/Fehler_MK.pdf)

Das Projekt Mathe 2000 wurde im Jahre 1987 als ein Gemeinschaftsprojekt an der Universität Dortmund ins Leben gerufen. Die Projektleitung übernahmen Prof. em. Dr. Gerhard Müller, Prof. em. dr. Dr. h. c. Erich Wittmann und Prof. Dr. Heinz Steinbring. Dieses Projekt war ein Zusammenschluss der Lehrstühle Didaktik des Mathematikunterrichtes in der Primarstufe und Grundlagen der Mathematikdidaktik.

Innerhalb dieses Projektes sollte die Erforschung und Entwicklung von theoretischen Konzepten und von produktiven Lernumgebungen im Mittelpunkt stehen (vgl. 10 Jahre Mathe 2000).

Die Leitprinzipien dieses Konzeptes waren die des aktiv-entdeckenden Lernens und die des sozialen Lernens. Das Projekt wurde für die elementaren Bereiche der Mathematik entwickelt, zu denen Algebra, Geometrie und Elementarmathematik gehören.

5.1 Geschichte

Bereits im Jahre 1927, also ungefähr sechzig Jahre vor dem Projektbeginn, forderte Johannes Kühnel in seinem Buch „Methodik des Rechenunterrichts“, dass die Organisation und die Aktivität der Schüler das Lehren und Lernen der Zukunft sein wird (vgl. Kühnel. 1927).

Johannes Kühnel beklagte am damaligen Rechenunterricht, dass er eine nicht genügende Anschauung besaß, ebenso kritisierte er die Vernachlässigung des Wirklichkeitsrechnens und eine verfrühte und voreilige Abstraktion und Mechanisierung (vgl. Kühnel 1949).

Seiner Meinung nach darf die Mechanisierung niemals das Ziel des Rechenunterrichts werden, sie soll vielmehr nur als Mittel verwendet werden.

Kühnel verwendete damals schon den Begriff der mathematischen Bildung, dieses bedeutet für die Schüler/Innen Zusammenhänge erkennen und Beziehungen herstellen. Diese mathematische Bildung beginnt für ihn nicht erst in den höheren Stufen, sondern schon im Kindesalter.

Hier erkennt man schon die ersten Verbindungen zum Projekt Mathe 2000. Die Entwicklung der Persönlichkeit, selbstständiges Erwerben von mathematischen Begriffen und eigenständige Lösungswege sind ebenfalls Forderungen von Johannes Kühnel an den damaligen Rechenunterricht, die wir heute im Projekt Mathe 2000 ebenfalls wiederfinden.

Des Weiteren beklagt Kühnel, dass in der „alten Schule" falsche Zahlenreihen durch die Lehrpersonen eingeführt und dann von den Schüler/Innen gelernt wurden. Die Zahlen müssen für ihn einen Sinn ergeben und man muss jede gezählte Menge zu einer Gesamtheit zusammenfassen können, damit die Kinder Grund- und Ordnungszahl voneinander unterscheiden können. Dazu ein kleines Beispiel: Zeige 8 Plättchen, das Kind zeigt auf das achte Plättchen.

Diese Forderung kennen wir heute unter dem Namen Abstraktionsprinzip. Das Abstraktionsprinzip beinhaltet, dass alle beliebigen Elemente zu jeder Menge zusammengefasst werden können. Gerade der Aufbau von Zählkompetenzen und Zahlaspekten ist für den weiteren Verlauf des Unterrichts sehr wichtig.

Dazu gehören fünf Zählprinzipien:

- Prinzip der stabilen Ordnung
- Eindeutigkeitsprinzip
- Kardinalprinzip
- Abstraktionsprinzip
- Prinzip der Irrelevanz

Zu 1) Die Liste der Zahlwerte hat eine feste Reihenfolge.

Zu 2) Jedem der zu zählenden Gegenstände muss genau ein Zahlwort zugeordnet werden, kein Zahlwort darf mehreren Gegenständen zugeordnet werden.

Zu 3) Die zuletzt genannte Zahl beim Abzählen gibt die Anzahl der Elemente an.

Zu 4) Alle beliebigen Elemente können zu einer Gesamtmenge zusammengefasst und gezählt werden.
Zu 5) Für das Ergebnis ist es irrelevant wie die Elemente angeordnet sind
(vgl. Skript Selter. Mathematik der Klassen 1-6. WS 07/08)

Dazu gehören fünf Zahlaspekte:

- Kardinalzahlaspekt (Anzahlen), Seminar mit 30 Studenten
- Ordinalzahlaspekt (Reihenfolgen), das 2. Kind ist ein Mädchen
- Operatoraspekt, um eine Prüfung zu bestehen muss man 2 mal 800 m laufen
- Maßzahlaspekt, um eine Prüfung zu bestehen muss man 800 m laufen
- Rechenzahlaspekt, 543+59 entspricht der algebraischen Behandlung.

  543
  \+ 59 entspricht algorithmische Behandlung
  (vgl. ebd.)

Auch der Amerikaner John Dewey beschrieb in seinem Buch „Reform des Erziehungsgedankens", dass die Erfahrungen der Kinder für den Unterricht sehr wichtig sind und mit einbezogen werden müssen. Nach seiner Meinung dienen diese Erfahrungen den Schüler/Innen als Ausgangspunkt für den weiteren Verlauf des Unterrichtes.
Dass die Umsetzung der von Johannes Kühnel geforderten Umstrukturierung des Rechenunterrichtes sich bis in die 80er Jahre hinzog hat unter anderem auch mit einem historischen Ereignis zu tun.
In dem herrschenden Rüstungskampf zwischen den USA und der damaligen Sowjetunion gelang es der kommunistischen Regierung am 04. Oktober 1957 den ersten Satelliten ins Weltall zu schicken. Die dadurch entstandene Niederlage der Großmacht USA hatte zur Folge, dass in den Vereinigten Staaten Überlegungen aufkamen auch den Mathematikunterricht neu zu überdenken.
Aus diesen Überlegungen heraus entstand das neue Konzept der „new math". Diese Entwicklung beeinflusste in der folgenden Zeit den Mathematikunterricht auch an deutschen Grundschulen. So wurde in Deutschland die sogenannte Mengenlehre eingeführt. Doch die übereilige Einführung hatte die Konsequenz,

dass eine zu große Gewichtung auf mathematischen Strukturen lag. Dadurch wurden die menschlichen Bedingungen und Bedürfnisse des Lernens in den Hintergrund gedrängt.

In jüngerer Vergangenheit, dank der Arbeiten von Müller/Wittmann, wurde der Zahlenraum bis 20 als so genannter „Erfahrungsraum" (Moser-Opitz, 2007) angesehen. In diesem Erfahrungsraum sollen sich die Kinder orientieren und experimentieren können.

5.2 *Ideen und Methoden*

Einer der wichtigsten Aspekte des neuen Verständnisses von Mathematik ist der kompetenzorientierte Blick auf die Leistungen der Schüler. Der Blick der Lehrperson soll sich nicht mehr an den Fehlern der Schüler/Innen richten, sondern sich an den Stärken der Schüler orientieren. Es ist wichtig, dass die Lehrperson darauf achtet, welche Lösungswege das Kind wählt, auch wenn sie auf den ersten Blick als umständlich und unverständlich wirken. Gerade dieser Blick ermöglicht dann eine effektive Förderung.
Spiegel/Selter (2003) verdeutlichen, dass man als Lehrer durch den kompetenzorientierten Blick erfährt, dass Kinder häufig gute Ansätze und richtige eigene Lösungswege besitzen. Zu diesem Thema haben Sundermann/Selter (2006) folgende Punkte aufgeführt:

„Kinder denken anders,
als Erwachsene es denken
als Erwachsene es vermuten
als Erwachsene es wollen
als andere Kinder
als sie selbst" (Sundermann/Selter. 2006).

Diese Auflistung finde ich zu kleinschrittig. Die Punkte 1-3 kann man meines Erachtens auch zu einem Punkt zusammenfassen (Kinder denken anders als Erwachsene), denn dieser Punkt beinhaltet die ersten drei Punkte. Die Erwachsenen haben Mathematik anders erlernt und ihre eigenen Vorstellungen

wie etwas zu rechnen ist. Ebenso können sie sich nur schwer in die individuellen Lösungswege der Kinder hinein versetzen. Für sie gibt es häufig nur einen Lösungsweg, nämlich ihren.
Die Punkte vier und fünf kann man meiner Ansicht nach. so stehen lassen.
Mit Punkt fünf ist gemeint, dass sie oftmals für eine Aufgabe verschiedene Lösungswege haben. Allerdings würde ich diesen Punkt fünf anders benennen (Kinder denken individuell).

Zu dem kompetenzorientierten Blick wurden 5 Leitideen für den Mathematikunterricht festgelegt.

- Kompetenzorientiert wahrnehmen bedeutet, dass man sich intensiv mit den Lösungen und Rechenwegen der Kinder auseinandersetzt und versucht zu verstehen wie sie gerechnet und was sie sich dabei gedacht haben. Es soll vermieden werden, dass nur gesagt wird, „die Aufgabe ist falsch schauen wir uns die Nächste an." Allerdings bedeutet der kompetenzorientierte Blick nicht, dass alles beschönigt werden und dass die Lehrperson die Fehler der Kinder außer Acht lassen soll. Die Lehrperson soll vielmehr auf dem Wissen und Können der Kinder den Unterricht aufbauen, um eine gezielte Förderung zu ermöglichen.

- Zieltransparent herausfordern bedeutet den Kindern zu erklären welche Ziele im Unterricht verfolgt werden. Also zusammen mit den Kindern die Ziele besprechen und ihnen auch eine gewisse Partizipation ermöglichen. Die Kinder sollen auch Verantwortung für eigenes Lernen übernehmen und selber planen.

- Differenziert Feststellen soll ermöglichen, dass den Kindern klar wird, dass der Lösungsprozess auch ein wichtiger Bestandteil ist. Es soll nicht nur auf die fertigen Lösungen geschaut werden, sondern der gesamten Prozess analysiert werden.

- Angemessen beurteilen beinhaltet die Bewertung des gesamten Prozess des Lernens und nicht nur das Augenmerk ausschließlich auf das Ergebnis zu richten.

- Lernfördernd rückmelden bedeutet, dass es den Schüler/Innen ermöglicht wird die Erläuterungen der Lehrperson zu verstehen und umzusetzen. Es ist wichtig, dass bei jedem einzelnen Kind eine individuelle Analyse der Lernfortschritte erfolgt, denn jedes Kind rechnet und denkt anders.

(vgl. Sundermann/Selter.2006.)

5.2.1 Neue Typen von Aufgaben

Wenn man von den sogenannten neuen Typen von Aufgaben spricht, so meint man auch „gute Aufgaben". Doch um von guten Aufgaben sprechen zu können, ist es notwendig einen geeigneten Qualitätsmaßstab festzulegen. Dieser Maßstab muss sich an den Kompetenzen der Kinder orientieren, die bei den Schüler/Innen entwickelt und gefördert werden sollen.
Allerdings wird die Qualität einer Aufgabe nicht bereits durch ihren Aufgabentext zu einer guten Aufgabe. Erst durch den Umgang mit der Aufgabe durch die Lehrperson und den Schülern wird eine qualitätsvolle Aufgabe bestimmt.
Um es den Kindern zu ermöglichen ihre eigenen Rechen- und Lösungswege zu benutzen und neue Strategien zu entwickeln hat man im Projekt Mathe 2000 neue Typen von Aufgaben entwickelt. Diese Aufgaben fördern die inhalts- und prozessbezogenen Kompetenzen.
Dabei werden die Schüler aufgefordert bei der Aufgabenstellung Probleme zu lösen, mit anderen zu kommunizieren, zu argumentieren, zu modellieren und Werkzeuge zu benutzen.

In diesem Zusammenhang werden die Schüler/Innen mit

- informativen Aufgaben
- prozessbezogenen Aufgaben
- offenen Aufgaben

konfrontiert.

Durch informative Aufgaben erlangt man einen besseren Blick auf die verschiedenen Lösungsstrategien der Kinder. Ein weiterer Inhalt solcher Aufgaben ist genügend Platz für Nebenrechnungen und Erläuterungen der Schüler/Innen, wie sind sie vorgegangen, was haben sie sich überlegt. Auf dieser Grundlage kann man individuelle und effektive Fördermaßnahmen entwickeln (vgl. Selter/Sundermann. 2006).

- Beispiele für informative Aufgaben:
30X60 =
20X90=
(Rechne beide Aufgaben aus und vergleiche das Ergebnis, was fällt dir bei den Aufgaben und Ergebnissen auf).

546-257 =
547-258 =
549-260 =
559-270 =

(Rechne die Aufgaben aus und vergleiche die Ergebnisse miteinander, was fällt dir auf. Überlege dir vier weitere passende Aufgaben.)

Durch solche Aufgaben kann man nicht nur die Ergebnisse überprüfen, sondern den einzelnen Lösungsweg der Kinder feststellen und analysieren. Wie sind sie vorgegangen. Haben sie Beziehungen zwischen den Aufgaben genutzt und erkannt, oder sind sie schematisch vorgegangen. Es lässt sich erkennen in welchen Bereichen die Kinder noch Schwierigkeiten haben und wie man sie gezielt fördern kann.

Bei den prozessbezogenen Aufgaben geht es um das Entdecken, Begründen und Weiterdenken, dort erfährt man mehr über die einzelnen Kompetenzen der Kinder. Bei solchen Aufgaben müssen sie Zusammenhänge erkennen, ihre dazugehörigen Überlegungen beschreiben und begründen (vgl. Selter/Sundermann. 2006).

- Ein Beispiel für eine prozessbezogene Aufgabe:
(Schreibe möglichst viele Multiplikationsaufgaben mit dem Ergebnis 250 auf, hast du alle gefunden?! Erläutere wie du vorgegangen bist.)

Bei den offenen Aufgaben ist es wichtig, dass es nicht nur eine plausible Herangehensweise und eine Lösung gibt. Außerdem sollen die Schüler/Innen selbst Aufgaben produzieren oder sich andere Teilaufgaben stellen (vgl. ebd.).

- Beispiele für offene Aufgaben:
(Ein Vater ist neunmal so alt wie seine Tochter, in zwei Jahren ist er siebenmal so alt. Wie alt ist der Vater jetzt und in zwei Jahren?) (Erläutere dein Vorgehen und überlege dir selber eine solche Aufgabe!).

1) Konstruiere Zahlenmauern mit drei Grundsteinen!

Zu diesen neuen Typen von Aufgaben gehören auch die sogenannten „Eigenproduktionen" (*vgl. Selter. Reader WS 07/08. Text: Eigenproduktionen statt Fertigprodukt Mathematik!).*

Eigenproduktionen beinhalten mündliche und schriftliche Aussagen von Schülern. Sie erläutern ihre Entscheidungen wie sie bei einzelnen Aufgaben vorgegangen sind. Dadurch hat jede/r Schüler/In die Möglichkeit sich zu einem Problem zu äußern. Die Äußerungen können dem Lehrer dann dazu dienen die unterschiedlichen Denkprozesse der Kinder zu analysieren um eine etwaige Förderung optimal zu gewährleisten. Selter *(ebd.)* unterscheidet vier Typen von Eigenproduktionen:

1) Aufgaben selbst entwickeln
2) individuelle Strategien darstellen und bewältigen
3) Zusammenhänge zwischen Rechenoperationen verstehen und nutzen
4) den eigenen Lernprozess reflektieren können

Durch diese Eigenproduktionen können die Lehrer/Innen bessere Informationen über ihre Schüler/Innen geben und deren Fähigkeiten besser einschätzen. Des Weiteren kann man sie direkt in den Unterricht einbeziehen, sie dienen als offene Form der Leistungsbewertung und regen den Austausch von Gedanken innerhalb einer Lerngruppe an.

5.2.2 Halbschriftliche Rechenverfahren

Ein weiteres Element der neuen Mathematikdidaktik ist der Versuch die Schüler/Innen zu den halbschriftlichen Rechenstrategien hinzuleiten.
Die halbschriftlichen Strategien haben den Vorteil, dass die Kinder sich nicht auf eine Strategie fixieren müssen. Sie können die Variante wählen, mit der sie am Besten zurecht kommen. Die halbschriftlichen Strategien bieten den Raum für ein eigenständiges Lernen und geben der Lehrperson Erkenntnisse über die verschiedenen Denkweisen der Kinder.
Außerdem bietet es eine gewisse Offenheit innerhalb des Unterrichtes. Die Schüler/Innen lernen eine gewisse Flexibilität zwischen Zahlverständnis und Zahlgefühl. Die Kinder können dem Lehrer dadurch zeigen was sie schon können.
Beim halbschriftlichen Rechnen werden einige oder alle an einer Rechnung beteiligten Zahlen in dezimale Einheiten zerlegt und dann schrittweise verarbeitet. Dadurch werden die Rechengesetze entdeckt und gefördert.

Hier zu einige Beispiele:
146+79 > 146+70> 216+9 = 225
146+79> 100+70+40+6+9 = 225

Auch das Schätzen oder das Überschlagsrechnen gibt den Kindern eine grobe Richtung um das Ergebnis zu ermitteln.
30X49> 30X50 = 1500

geschicktes Rechnen
250+99 = 250+100-1= 349

Kommutativgesetz
14+189> 189+14

Assoziativgesetz

349+98+2> 349+ (98+2)

Distributivgesetz

5X79>5X70 +5X9

Das Verständnis dieser Rechengesetze bildet die Basis für den weiteren arithmetischen Lernprozess.

Nun die Hauptstrategien beim halbschriftlichen Verfahren:

Stellenwert extra bedeutet, dass zunächst die Zehner zusammen addiert/subtrahiert werden, dann die Einer und zum Schluss die beiden Ergebnisse miteinander (68-23; 60-20 und 8-3). Daraus folgt dann (40-5 = 35).

Erst Zehner dann Einer (oder umgekehrt) bedeutet, dass man bei der obigen Aufgabe folgendermaßen rechnet: 63-20-8.

Bei einer Hilfsaufgabe sucht man eine einfachere Rechnung um leichter zu dem Ergebnis zu kommen. Bei 63-28, wäre dies z. B. 63-30.
Beim Vereinfachen addiert man gegensinnig oder subtrahiert gleichsinnig um auf die Lösung zu kommen. 63-28 entspricht 65-30.

5.2.3 Aktiv-entdeckendes Lernen

Beim aktiv-entdeckenden Lernen wird die Mathematik als Wissenschaft von Mustern gesehen (vgl. Wittmann, 1997). Diese Wissenschaft soll von Kindern aktiv erforscht werden, sie kann nur im Prozess verstanden werden, da das Verständnis von Mathematik in Sprüngen und assoziativ erlernt wird.
Dabei ist es besonders wichtig, dass neues Wissen nur vermittelt werden kann, wenn man eine Anknüpfung an bereits vorhandenes Wissen schafft. Kinder haben bereits vor der Grundschule mathematische Kompetenzen, die durch eine geeignete Lernumgebung weiter gezielt gefördert werden können. Dabei geht es darum, dass die mathematischen Handlungen, die die Kinder vollziehen

wichtiger sind als das Endprodukt, denn Fehler gehören wie bereits erwähnt zum Lernprozess dazu.
Lernen wird als Netzwerk verstanden, in dem die Schüler/Innen Verknüpfungen herstellen sollen. Kleinere Lücken werden als nicht so dramatisch angesehen, da sie in dem ganzheitlichen Lernprozess durch die Vernetzung von Wissen geschlossen werden können. Das wird durch ein produktives Üben gewährleistet.

Produktives Üben nach Wittmann (Reader Einführung in die grundlegenden Ideen der Mathematikdidaktik. SS 2006.) beinhaltet zwei Grundpositionen.
Zum Einen die passivistische Position (Behaviorismus, von Außen geleitet). Sinneseindrücke strömen in den Anfangs sehr offenen Bereich des kindlichen Geistes und festigen sich durch Wiederholungen und Übungen in Vorstellungen und Verhaltensweisen. Diese Grundposition spiegelt das Konzept des „alten Mathematikbildes" wider.
Die andere Position ist eine aktivistische und greift auf das Konzept des Konstruktivismus zurück (von Außen und Innen geleitet). Dort geht es um das Wechselspiel von Innen und Außen. Das bereits vorhandene Wissen ist immer mitbestimmend.
Konstruktivismus meint produktives Üben, die Kinder sollen von Außen und von Innen geleitet werden. Sie sollen eine intrinsische Motivation entwickeln und neue Einflüsse von Außen aufnehmen und mit bereits bekannten Wissen und Erfahrungen verknüpfen um darauf aufbauend den weiteren Lernprozess zu gestalten.
Im Folgenden werden nun verschiedene Prinzipien des aktiv-entdeckenden Lernens beschrieben, die das Prinzip der ganzheitlichen Behandlung und des aktiv-entdeckenden Lernens aufzeigen.
Im Spiralprinzip sind Aufgaben, Material und Ideen ein wichtiger Bestandteil. Es beinhaltet das Prinzip des vorgreifenden Lernens und das Prinzip der Fortsetzbarkeit.

Das Prinzip des vorgreifenden Lernens bedeutet, dass eine Behandlung eines Gebietes im Unterricht nicht so lange zurückgehalten werden soll, bis man eine endgültige abschließende Behandlung für möglich hält. Man soll das Gebiet auch schon in früheren Stufen einsetzen, allerdings dann in einfacherer Form.

Das Prinzip der Fortsetzbarkeit sieht eine gründliche Behandlung eines Themenkomplexes vor, damit man im späteren Verlauf des Unterrichtes immer wieder höhere Niveaustufen einbauen kann und somit ein Ausbau des Wissens ermöglicht wird.

Ein weiterer Punkt ist das operative Prinzip:
Dabei sollen die Schüler/Innen untersuchen welche Operationen möglich sind und miteinander verknüpft werden können. Sie sollen herausfinden welche Eigenschaften und Beziehungen den Objekten durch Konstruktion aufgeprägt sind. Des Weiteren sollen sie beobachten, welche Wirkungen Operationen auf Eigenschaften und Beziehungen der Objekte haben.

6. Gemeinsamkeiten des Projektes Mathe 2000 und des Projektes von Dewey und Kilpatrick

„Der Lehrer darf das, was schon gelernt wurde niemals als totes Material betrachten, sondern als dynamisches Mittel für die Eröffnung neuer Bereiche, die wieder neue Forderungen (...) und (...) einen vernünftigen Gebrauch des Gedächtnisses stellen" (John Dewey. 1963). Dieses Zitat von John Dewey spiegelt die Inhalte des Spiralprinzipes, das Prinzip des vorgreifenden Lernen und das Prinzip der Fortsetzbarkeit wider. Dort wird ebenfalls gefordert, das aktuelles Material immer wieder an anderer Stelle verwendet werden kann um neue Bereiche zu untermauern. Es beinhaltet einen ganzheitlichen Zugang zu verschiedenen Themengebieten.

Wie im Projekt Mathe 2000, fordert Dewey ebenfalls eine Konzentration auf ein individuelles Lernbedürfnis der Schüler/Innen. Die Orientierung soll dem Kind folgen und nicht dem Lehrstoff. Diese Forderungen Dewey's kann man mit dem kompetenzorientierten Blick vergleichen.
Die weiteren Prinzipien von Dewey wie Selbsttätigkeit der Schüler, Abbau von Lehrerdominanz und problemorientiertes Lernen finden sich ebenfalls als

Prinzipien im Konzept Mathe 2000 wieder. Die Lehrperson soll nicht mehr belehren, sondern wie oben schon erwähnt eine lernförderliche Umgebung schaffen und mit den Schüler/Innen gemeinsam den Stoff bearbeiten.

Das problemorientierte Lernen findet sich im Projekt in einer ganzheitlichen Behandlung wieder, wo die Kinder Aufgaben selbst erforschen und entdecken können.

Des Weiteren fordert Dewey man soll die Kinder dort abholen wo sie gerade stehen, also im Vergleich zum Konzept Mathe 2000 auf die Erfahrungen der Schüler/Innen eingehen und von dort aus den neuen ganzheitlichen Bezug zu den einzelnen Themenkomplexen herstellen.

Ebenso wie bei Dewey geht es auch im Konzept Mathe 2000 nicht um das Ziel eines bestimmten Gebietes oder Mathematik als Fertig- und Endprodukt, sondern in beiden Konzeptionen wird Wert auf die einzelnen Lösungswege und Lösungsstrategien gelegt.

Ein weiterer gemeinsamer Punkt ist die Orientierung an der Lebenspraxis der Schüler/Innen. Es sollen vor allem Aufgaben gestellt werden, die die Lebenswelt der Kinder betrifft. In der Mathematik könnte in diesem Zusammenhang beispielsweise das Sachrechnen genannt werden.

7. Das Konzept Mathe 2000 an Förderschulen für Lernen

Das folgende Kapitel befasst sich mit der Personengruppe und den Lernvoraussetzungen der Schülerschaft im Förderschwerpunkt Lernen. Im Weiteren geht es um den Lehrplan im Bereich der Mathematik. Die Berücksichtigung dieser beiden Aspekte erscheint notwendig, um dann auf die Umsetzungsmöglichkeiten und Grenzen des Konzeptes Mathe 2000 im Unterricht an einer Förderschule mit dem Förderschwerpunkt Lernen einzugehen.

7.1 *Personengruppe und Lernvoraussetzungen der Schülerschaft*

In der ICD 10 wird von einer Lernbehinderung gesprochen, wenn der Intelligenzquotient zwischen 70 und 89 liegt (vgl. Werning/ Lütje-Klose. S. 18).
Definition von Lernbehinderung laut AO-SF
§5 Lern- und Entwicklungsstörungen (1)
„Lernbehinderung liegt vor, wenn die Lern- und Leistungsausfälle schwerwiegender, umfänglicher und langdauernder Art sind und durch Rückstand der kognitiven Funktionen oder der sprachlichen Entwicklung oder des Sozialverhaltens verstärkt werden."
schwerwiegend = mehr als ein Schuljahr Rückstand
umfänglich = mehrere Schulfächer umfassend
langdauernd = nicht in einem Schuljahr zu mildern
Lernbehinderung liegt nur vor, wenn alle drei Arten von Leistungsausfällen gleichzeitig auftreten, sonst spricht man von einer Lernstörung. Wobei sich eine Lernstörung durch mangelnde Förderung zu einer generalisierten Lernstörung ausweiten kann.

Moser-Opitz hat in ihrem Buch Rechenschwäche/Dyskalkulie folgende Charakteristika für Kinder mit Lernschwäche herausgearbeitet:
- Leistungsrückstand von zwei bis vier Jahren;
- mehr Zeit für neue Lerninhalte;
- geringes Wissen aus dem Sekundarbereich;
- geringe Fortschritte;
- rezepthaftes Auswendiglernen von Verfahren
- Unsicherheit bei abgewandelten Aufgaben und Problemlösen
- Schwierigkeiten beim Operationalisieren und Automatisieren von Aufgaben und Vorgehensweisen

(vgl. Moser-Opitz. S. 53f.)

Darüber hinaus ist das Selbstbild der Schüler oft negativ gekennzeichnet. Sätze wie: „Kann ich eh nicht", „Bin ich zu doof für", hört man regelmäßig an einer Förderschule Lernen. Die Frustrationstoleranz und die Aufmerksamkeitsspanne sind bei Kindern mit Förderschwerpunkt Lernen oft geringer ausgeprägt.

Die Lernbehinderung ist nicht konkret an einer Schädigung oder an einem spezifischen Merkmal festzumachen. Im Gegensatz zur geistigen Behinderung, die häufig durch ein Krankheitsbild beschrieben werden kann.
Nach Bleidick (1980) ist diejenige Person Lernbehindert die eine dementsprechende Schule besucht. Daher ist je nach Sichtweise eine andere Definition von einer Lernbehinderung zu finden.
Es kann viele Gründe haben warum ein Kind Lernstörungen hat (extreme Hospitalisierung, gesellschaftliche Meinung, Entwicklungsverzögerungen und die sogenannte „LB-Familie", wo die Eltern ebenfalls schon eine Schule mit dem Förderschwerpunkt Lernen besucht haben).
Bei einer Lernbehinderung ist eine spezielle und individuelle Förderung unabdingbar. Eine Förderung die durch eine Regelschule offensichtlich nicht gewährleisten werden kann.
Gerade im Bereich des Lernprozesses und des Lernaufbaues benötigen Schüler/Innen mit einer Lernbehinderung einen längeren Zeitraum als „Regelschüler/Innen".
Es gibt differente Faktoren die das Lernen beeinträchtigen. Dazu gehört die Größe der einzelnen Klassen. Je größer eine Klasse ist, desto weniger kann man als Lehrperson auf einzelne Bedürfnisse der Schüler eingehen.
Des Weiteren kommt es ebenfalls darauf an, wie die Lehrperson die einzelnen Themenkomplexe den Schülern vermittelt. Steht der Lehrer/In nur vor der Klasse und macht den Kindern den zu lernenden Stoff vor damit sie ihn nachmachen können, oder erarbeitet er zusammen mit den Schüler/Innen den Stoff und ermöglicht den Kindern so eigene Entdeckungen zu machen.

Die frühere Hilfsschuldidaktik war an den Schwächen der Schüler orientiert. Die methodischen Prinzipien sahen Anschauung, Methodik der kleinen Schritte und die motorischen Aspekte im Vordergrund. Der Unterricht war defizitorientiert geprägt, man sah die Lernbehinderung als unüberwindbar und unveränderbar an.
So sah der Unterricht eine Isolierung der Schwierigkeiten vor und es wurde erst mit Unterrichtsinhalten weiter fortgeschritten, wenn ein Einzelproblem gelöst war.

Auch die Vorgabe von festen Lösungswegen wurde als notwendige Maßnahme angesehen, da man davon ausging, dass die Schüler geistig nicht in der Lage wären, einen eigenen Arbeitsweg zu planen. Ein Beispiel wäre hierfür, dass man immer erst zum Zehner auffüllt (7+8 entspricht erst 7+3 und dann 10+5).

Schon bei Stötzner fanden sich im 19. Jahrhundert reformpädagogische Ansätze, wie ein Schulgarten oder Freiluftunterricht. Doch stellte er auch verschiedene Hauptregeln für den Unterricht auf.

- Der Unterricht muss so handgreiflich wie möglich sein
- Er soll Schrittchen für Schrittchen erfolgen
- Der Lehrer soll jede Viertelstunde die Unterrichtsgegenstände wechseln

(vgl. Klein. 2007).

Diese spezifische Hilfsschuldidaktik prägte den Unterricht noch bis in die zweite Hälfte des 20. Jahrhunderts. Danach wurde der Begriff der Hilfsschule durch den Begriff der Lernbehindertenschule umgeändert. Heute geht es im Förderschwerpunkt Lernen darum, die verschiedenen Lernstörungen zu berücksichtigen, in dem man andere Fähigkeiten stärker fördert. Es soll auf die individuellen Bedürfnisse der Schüler eingegangen werden.

7.2 Aspekte des Lehrplans Mathematik

Die Richtlinien für die Schule für Lernbehinderte (Sonderschule) in Nordrhein-Westfalen teilen den Mathematikunterricht in 9 Lernstufen ein.

Das Ziel dabei ist, dass die Schüler zu klaren Mengenvorstellungen geführt werden sollen. Sie sollen lernen, Rechensituationen in Sachverhalten des Alltags zu erkennen, darzustellen und möglichst selbstständig zu lösen.

Der Entwicklung und Festigung rechnerischer Fähigkeiten – insbesondere in den Grundrechenarten – kommt zentrale Bedeutung zu (vgl. Richtlinien für die Schule für Lernbehinderte. 1977).

Die Lernstufen bestehen aus dem numerischen Teil und dem raumkundlichen Teil sowie dem pränumerischen Teil in der Lernstufe 1.

Lernstufe 1: vorzahlige Mengenbehandlung, Zahlenraum bis 6, Orientierung im Raum

Lernstufe 2: Einführung des zweiten Zehners; Ziffernschreiben, Zulegen, Ergänzen, Wegnehmen, graphische Darstellungen, Falten und Schneiden

Lernstufe 3: Zahlenraum bis 100 erweitern

Lernstufe 4: Zahlenraum bis 1000, Einmaleinsreihen 10, 5 und 2

Lernstufe 5: schriftliche Rechenverfahren im Zahlenraum bis 1000

Lernstufe 6: Zahlenraum bis 10 000; Einführung des Bruchrechnens

Lernstufe 7: Dezimalbrüche und Prozentrechnen

Lernstufe 8: Zahlenraum bis 1 000 000; weiterführende Berechnungen mit Dezimalbrüchen und Bruchzahlen

Lernstufe 9: alle erlernten Rechenoperationen werden in verschiedenen Sachgebieten angewendet und vertieft.

7.3 *Umsetzungsmöglichkeiten und Grenzen*

Wie Scherer (1995) richtig sagt, führt ständiges und mechanisiertes Üben zu Langweile und Motivationsverlust. Deswegen fordert sie abwechslungsreiche Übungspraxis. In diesem Punkt stimme ich zu, denn es muss gewährleistet sein, dass das Üben nicht zu einem stupiden Rechnen wird, wo Musterlösungen reproduziert werden sollen. Wie auch bei Regelschülern verhindert eintöniges Üben auch bei Kindern mit einer Lernbeeinträchtigung, das es zu einer Verhinderung eigener Gedanken und Ideen kommen kann. Allerdings müssen die Darstellungsmittel die zur Veranschaulichung dienen adäquat für eine Förderklasse verändert werden. Wie oben schon erwähnt haben Schüler/Innen differente Beeinträchtigungen, die ein Lernen von Sachverhalten erschweren. Häufig tritt ein Mangel an den basalen Fähigkeiten wie visuelle- und auditive Wahrnehmung, Motorik, Prozesse der Speicherung, Sprache und bei der Erfahrung von Raumorientierung auf (vgl. Opitz/Schmassmann, 2004). Deswegen ist es notwendig differenzierte Arbeitsmaterialien zu verwenden. Bei Aufgaben die sie noch gar nicht kennen gelernt haben und ebenso bei Aufgaben die sie selbstständig lösen können.

Mit diesen dann veränderten Materialien können die Kinder innerhalb ihrer Möglichkeiten neue Mathematikgebiete erforschen. Aber es muss auch berücksichtigt werden, dass nicht alle Arbeitsmaterialien für jeden Schüler eine ultimative Hilfe darstellen, viele beinhalten durch ihre Komplexität Probleme gerade bei Schülern mit dem Förderschwerpunkt Lernen. In diesem Zusammenhang ist es erforderlich auch den Umgang mit den Hilfsmitteln zum Thema im Unterricht zu machen und deren Einsatz an den individuellen Möglichkeiten und Voraussetzungen der Schüler anzupassen.
Es ist wichtig geeignete Aufgaben, Darstellungsformen, Arbeitsmaterialien und Hilfsmittel den Kindern zur Verfügung zu stellen. Da die Schülerschaft sehr heterogen ist, müssen die einzelnen Materialien oft für viele Schüler oder eine kleine Gruppe differenziert werden.
Zudem haben lernschwache Schüler häufig Probleme mathematische Strukturen eigenständig zu erkennen. Das bedeutet, dass der Umgang mit den Arbeitsmaterialien und dessen Strukturen langsamer und zusammen erarbeitet werden muss. Im Gegensatz zur Regelschule wo Schüler/Innen Strukturen, mathematische Strategien und Gesetze eigenständiger, leichter und in der Regel schneller erkennen und Hilfsmittel in der Regel ohne Hilfe adäquat einsetzen können.

Zwei Beispiele:

Verwendung der „Eins-Plus-Eins Tafel" (Müller/Wittmann) im Mathematikunterricht an einer Förderschule mit dem Förderschwerpunkt Lernen.

Während meines Praktikums an einer solchen Förderschule haben wir im Mathematikunterricht mit der „Eins-Plus-Eins-Tafel" von Müller/Wittmann gearbeitet.

Als auffiel, dass die Kinder mit der komplexen Darstellung der Tafel nicht zurecht kamen und deren Struktur und Nutzen zunächst nicht erkannten, mussten wir uns eine andere Herangehensweise überlegen.

Da sie die Struktur, die hinter der Tafel steckt, nicht erkennen konnten, haben wir am Computer die einzelnen Aufgaben ohne Lösungen erstellt. Danach haben wir die Aufgaben ausgedruckt und jede einzelne Wabe zurecht geschnitten und laminiert.

Im weiteren Verlauf des Unterrichts haben wir uns zunächst nur auf die beiden äußeren Reihen der „Eins-Plus-Tafel" konzentriert, also 10+X und 9+X. Wir haben den Kinder dann die einzelnen Aufgaben zur Bearbeitung gegeben. Wobei wir die Aufgabe 10+0 zur besseren Orientierung an der Tafel vorgaben. Nachdem die Schüler/Innen die Aufgaben gelöst hatten, sollten sie die Aufgaben in der richtigen Reihenfolge an der Tafel befestigen. Zuerst die äußere Reihe und dann die Reihe mit 9+X. Hierdurch konnte die Tafel gemeinsam erarbeitet, aufgebaut und ihre Struktur leichter erkannt werden. Durch diese handelnde Auseinandersetzung sollte es den Schülern ermöglicht werden, die Struktur zu erkennen und zu versuchen Verbindungen zwischen den Aufgaben herauszufinden.

Im weiteren Verlauf sollten sie Umkehraufgaben erkennen und die Konstanz der Summe (10+5 entspricht 9+6) erkennen.

Durch diese Modifikation war es den Schüler/Innen eher möglich Verbindungen zu erkennen und mathematische Regeln anzuwenden. Diese Auseinandersetzung mit den Möglichkeiten der Tafel haben wir dadurch unterstützt, dass die Kinder eigene farblose Eins-Plus-Eins-Tafeln bekommen haben und sie dann dort die Möglichkeit hatten durch eigenes Anmalen die Verbindungen für sich zu verdeutlichen. Im weiteren Verlauf haben wir die Reihen zu gegebener Zeit erweitert (Verdopplungsaufgaben, weitere Reihen).

An diesem Beispiel lässt sich gut erkennen, dass es notwendig ist sich zu überlegen, wie man Darstellungs- und Hilfsmittel adäquat im Unterricht einführt, damit sie von den Schüler/Innen dann entsprechend eingesetzt werden können.

Das stochastische Spiel „Wettkönig".

Im Rahmen des Seminars „Mathematische Lehr- Lernprozesse" haben wir uns mit dem stochastischen Spiel „Der Wettkönig" auseinandergesetzt.

Die Aufgabe bestand darin, in Gruppen eine diagnostische Lernsituation zu planen und durchzuführen.

Die diagnostische Lernsituation beinhaltete, dass das Spiel „Der Wettkönig" mit zwei Kindern gespielt wurde. Die Sitzungen wurden gefilmt und später ausgewertet.

Insgesamt fanden die drei Sitzungen an der Förderschule mit dem Förderschwerpunkt Lernen statt, in denen das stochastische Spiel mit den Kindern durchgeführt wurde. Im Anschluss daran wurden Einzelinterviews mit den 2 Schülern zu Aspekten, die sich aus den diagnostischen Lernsituationen ergeben haben, durchgeführt.

Da die Situationen mit Schülern einer Schule mit dem Förderschwerpunkt Lernen vollzogen wurde, musste vorab überprüft werden, inwieweit das Spiel durchführbar war beziehungsweise ob und wie das Material den gegebenen Bedingungen anpasst werden konnte.

Jeder Mensch kennt Alltagssituationen, wie z.B. die Aussage „Heute habe ich kein Glück" beim „Mensch – Ärgere – Dich – Nicht – Spiel", in denen der Zufall eine Rolle spielt. Dabei haben alle Menschen ihre eigenen individuellen Vorstellungen vom Wirken des Zufalls (vgl. Büchter et al. 2005. S.1). Die Beteiligten lassen ihnen unterschiedliche Bedeutungen zukommen und haben verschiedene Erklärungsansätze für Setzentscheidungen und Würfelergebnisse, wie sich z.B. auf Erfahrungen berufen: „Wenn wir ein Spiel oder so was spielen, hab ich mit der 5 immer schon sehr viel Glück gehabt" (Büchter et al. 2005. S.5).

Diese Bedeutungs- und Erklärungsansätze sind sehr wichtig, da man dadurch ein Bild von den Vorstellungen der Kinder bekommt, auf die man weiter aufbauen kann bzw. gewisse „Fehlvorstellungen" (Büchter et al. 2005. S.5) revidieren kann.

Da wir das stochastische Spiel an einer Förderschule mit dem Förderschwerpunkt Lernen durchführten, war es sehr interessant zu erforschen, wie die Kinder Setzentscheidungen treffen, welche Bedeutungsansätze und Erklärungsansätze sie verfolgen und welche individuellen Vorstellungen sie vom Zufall haben, da sie über kein schulisches Vorwissen im Bereich der Stochastik verfügen.

„In der Stochastik scheint die Bedeutung der vorunterrichtlichen Vorstellungen besonders ausgeprägt zu sein, weil die subjektiven Erfahrungen beim Spielen (...) sehr prägend sein können (...)“

(Büchter et al. 2005. S.2).

Daher ist es sehr wichtig sich mit den Vorstellungen und somit auch mit den Erklärungsansätzen der Schülerinnen und Schüler auseinander zusetzen. Denn *„(w)ill man im Unterricht beide Vorstellungswelten konsequenter aufeinander beziehen, so sollte man typische Vorstellungen kennen, die Lernende mitbringen.“ (Büchter et al. 2005. S.2).*

Daher war es wichtig zu schauen, welche Erklärungsansätze und somit auch in gewisser Weise welche vorunterrichtlichen Vorstellungen wir in den Aussagen der Schüler entdecken können und uns mit diesen auseinander zusetzen.

Das Spiel „Wettkönig“ ist insgesamt ein Spiel zur Stochastik, in dem vier Tiere um die Wette rennen. Es gibt die rote Ameise, den grünen Frosch, die gelbe Schnecke und den blauen Igel. Mit Hilfe eines Farbwürfels bestimmen die Spieler welches Tier bei jedem Durchgang gewinnt. Das besondere an diesem Würfel ist die ungleichmäßige Farbverteilung. Die Anzahl der Wurfzahl wird pro Runde erhöht. Das Ziel ist es, in jeder Runde das Gewinnertier richtig zu tippen. Für jeden richtigen Tipp bekommt man Punkte. Der Spieler mit den meisten Punkten gewinnt das Spiel.

In der Spalte links außen steht die Wurfzahl (1, 2, 5, 10 bzw. 20), welche bestimmt wie viele Würfe die Tiere Zeit haben das Rennen zu gewinnen. Bei den ausgewählten Wurfzahlen wurden „kleine“ Zahlen gewählt, bei denen der Zufall entscheidet welches Tier das jeweilige Rennen gewinnt. Im mittleren Teil wird ein Tipp für jede Runde angekreuzt und danach das Siegertier markiert. Für jeden richtigen Tipp wird ein Punkt in die Spalte rechts außen eingetragen.

Auf dem ersten Protokoll gehen die Wurfzahlen bis 20 und man kann maximal 5 Punkte erreichen.

Protokoll 2 ist vom Aufbau her identisch mit dem gerade beschriebenen Protokoll 1, jedoch gibt es abweichende Wurfzahlen; je vier Mal nacheinander 1, 10 und 100 und abschließende drei Mal die 1000. Es können also 15 Punkte erreicht werden. Bei diesem Protokoll wird für die Mitspieler deutlich, was das Besondere bei „größeren" Zahlen, hier 100 und 1000, ist. Nämlich, dass die Ameise immer gewinnt. Ausschlaggebend ist dafür die Farbverteilung auf dem Würfel.

Stochastik ist ein schwieriger, sehr interessanter und ein weit umstrittener Bereich der Mathematik. Herget charakterisiert Stochastik folgendermaßen: *„Spannend, aufregend und immer wieder voller Überraschungen – kein anderes Gebiet der Mathematik erweist sich als so schillernd, konfrontiert derart mit Emotionen und persönlicher Betroffenheit, mit intuitiven Vorannahmen und Vorurteilen wie die Stochastik" (Herget. 1997. S. 7).*

Immer wieder kommt es zu Diskussionen darüber, ab wann man Stochastik in der Schule einsetzen soll und wie diese Thematik am besten eingeführt werden soll.

Oft beginnt der Stochastikunterricht erst in der Sekundarstufe 2, allerdings *„fehlen dem Schüler der intuitive Hintergrund und elementare Vorerfahrungen" (Wolpers/Götz. 2002. S. 139)*, wenn der Stochastikunterricht erst so spät einsetzt.

Wolpers und Götz sprechen von Intuitionen zur Erfassung des Zufälligen und des Umgehens mit zufallsgeprägten Situationen, die sich bei jedem Menschen bilden, da stochastische Situationen, wie z.B. Glücksspiele, und das Umgehen mit ihnen alltäglich sind (vgl. ebd.). Dabei unterscheiden sie „primäre" und „sekundäre" Intuitionen. Bei den primären Intuitionen handelt es sich um Vorstellungen, die sich ohne systematische Behandlung eines Begriffs oder Konzepts entwickeln (vgl. ebd.).

Sekundäre Intuitionen sind Vorstellungen, die sich aufgrund einer systematischen Behandlung und der Verbindung mit Konzepten der Theorie herausbilden (vgl. ebd.).

Werden die primären Intuitionen nicht genügend reflektiert und aufgearbeitet, kann es zu Fehlschlüssen und Aberglaube in der Deutung von stochastischen

Situationen kommen (vgl. ebd.). Deshalb ist eine frühe Auseinandersetzung mit der Stochastik und den primären Vorstellungen von großer Bedeutung.

Jeder Mensch macht eigene Erfahrungen mit dem Zufall und hat eigene individuelle und persönliche Vorstellungen dazu.

Fischbein stellt dazu fest, dass stochastische Prozesse ein typischer Bereich sind, in dem Menschen vorrangig ihre vorunterrichtlichen intuitiven Vorstellungen nutzen, um außerschulische Situationen zu beurteilen, während die im Mathematikunterricht angestrebten Vorstellungen wenig aktiviert werden (vgl. Fischbein. 1987).

Diese Vorstellungen beziehungsweise primäre Intuitionen, dass heißt individuelle Gedanken, Verständnisse über mathematische Inhalte, etc. werden *„schrittweise in einem langwierigen Prozess aufgebaut und permanent modifiziert" (Büchter et al. 2005. S. 2).*

Einige typische Vorstellungen vom Zufall beziehungsweise stochastische Vorstellungen, welche Lernende mitbringen sind zum Beispiel:

„-Zufällige Ereignisse sind selten und außergewöhnlich
Zufällige Situationen und Konstellationen sind unstrukturiert.
Zufällige Ereignisse müssen gleichmäßig verteilt sein.
Zufällige Ereignisse treten unerwartet auf, sind unvorhersehbar.
Für zufällige Ereignisse gibt es keine Ursache.
Der Zufall lässt sich nicht beeinflussen, nicht verhindern, aber auch nicht erzwingen."
(Büchter et al, 2005, S.3)

Die primären Intuitionen sollen dann im Unterricht in einer systematischen Aufbereitung prozesshaft mit der Theorie verbunden werden, um so angemessene sekundäre Intuitionen zu entwickeln. Dabei ist es aber wichtig zu bedenken, dass sich das Konzept „Zufall" nicht allein mit Hilfe von Definitionen und rein verbalen Erklärungen vermitteln lässt (vgl. Wolpers/Götz. 2002. S.148). Den Schulern muss Zeit gegeben werden, neue, bewusste und vor allem experimentelle Erfahrungen mit dem Zufall zu machen, so dass die Alltagserfahrungen durch kontrollierte Erfahrungen ergänzt werden.

„Insbesondere im Bereich der Grundschule sollte daher das Anreichern stochastischer Erfahrungen und Erlebnisse vorrangiges Ziel des Unterrichtens sein." (Wollring. 1994. S.31).

Die Richtlinien für den Bereich der Mathematik an der Förderschule mit dem Förderschwerpunkt Lernen enthält keinen Aspekt des Stochastikbereichs. Stochastik spielt an der Förderschule keine Rolle und wird dementsprechend nicht unterrichtet.
Zu den inhaltsbezogenen mathematischen Kompetenzen in der Grundschule gehören neben Zahlen und Operationen, Raum und Form, Muster und Strukturen, Größen und Messen auch Daten, Häufigkeiten und Wahrscheinlichkeiten (Lehrpläne für NRW. 2003).

„Nach unserer Auffassung ist das Wahrscheinlichkeitsverständnis bei Kindern grundsätzlich an subjektive Erfahrungsbereiche gebunden."
(Wollring. 1994). Diese Aussage macht deutlich, dass Kinder bereits viele Erfahrungen im Bereich der Stochastik und somit viele stochastische Vorstellungen aus ihrem Alltag mitbringen. Hierbei gilt, *„je bedeutungsvoller, desto präsenter ist ein Ereignis im Denken eines Individuums." (Büchter et al. 2005. S.3).*
Man sollte auch die Vorstellungen und Erklärungen der Kinder beziehungsweise der Lernenden genauer betrachten, denn gegebenenfalls stehen hinter vermeintlichen „Fehl"- Vorstellungen durchaus plausible Perspektiven.
Büchter führt in dem Artikel „Den Zufall im Griff" verschiedene Erklärungsansätze für Setzentscheidungen und Würfelergebnisse an. Hier nennt er zum Einen den Ansatz die Möglichkeiten zu zählen, dass heißt systematisch zu schauen, in welchem Fall es die meisten Möglichkeiten gibt.
Weiter führt er den Ansatz auf, sich bei seinen Erklärungen auf die Erfahrung zu berufen. Das heißt wenn ein Spiel schon häufiger durchgeführt wurde beziehungsweise eine wiederholende Situation auftritt, so wird mit den Vorerfahrungen argumentiert (Erfahrungsansatz).

Dann ist der Ansatz zu finden, der ein Ereignis oder dessen Wahl mit der Erreichbarkeit begründet. Hier besteht die Vorstellung, dass verschiedene Ereignisse schwerer beziehungsweise leichter zu erreichen sind.
Außerdem wird in diesem Artikel ein Ansatz vorgestellt, welcher davon ausgeht, dass ein Ereignis beeinflussbar ist und der die Setzentscheidung oder das Würfelergebnis auf diesem Weg erklärt.

Außerdem wird der Bedeutsamkeitsansatz angeführt. Hier spielt die individuelle Bedeutsamkeit für ein Ereignis eine Rolle. In diesem Fall könnte zum Beispiel auf eine Glückszahl zurückgegriffen werden. Ein weiteres Beispiel wäre ein Geburtstag, eine Hausnummer, etc. (vgl. Büchter et al. 2005. S.5).
Es geht nun in Bezug auf die Erklärungsansätze darum, entsprechende Aussagen der beiden Kinder aus den Sitzungen diesen Ansätzen zuzuordnen beziehungsweise grundsätzlich zu schauen, welche Erklärungsansätze wir finden und die entsprechenden Aussagen zu kategorisieren.
Im Förderschwerpunkt Lernen adaptieren wir immer noch die Mathematikdidaktik aus der Grundschule und dementsprechend ist ein solches Spiel zur Stochastik durchaus möglich. Es ist zwar kein Spiel welches explizit im Konzept Mathe 2000 vorgesehen ist, beinhaltet allerdings dessen Inhalte und Prinzipien.
Kinder können selber aktiv ein neues Themengebiet entdecken. Da es ein Spiel ist fördert es ebenfalls das geforderte soziale Lernen. Zu den allgemeinen mathematischen Kompetenzen gehören, Argumentieren, Kommunizieren, Modellieren und Darstellen von Mathematik. Das Spiel zielt auf das Argumentieren und Kommunizieren bei Häufigkeiten ab. Um dies zu tun, braucht es aber Fertig- und Fähigkeiten, die eingeübt werden müssen.
Moser-Opitz (2004. S. 9 ff) spricht in diesem Zusammenhang von basalen Fähigkeiten des mathematischen Lernens, wie visuelle Wahrnehmung, auditive Wahrnehmung, Feinmotorik, Grobmotorik, visomotorische Koordination, Raumorientierung, Handlungsabläufe, visuelle und auditive Speicherung, Sprache, Alltagserfahrung, Kognition, Flexibilität, Reversibilität, Strukturfähigkeit sowie emotionalen Aspekten, die bei vielen Kindern, wie oben schon erwähnt Mängel aufweisen können.

Wir mussten, wie oben schon erwähnt das Spielmaterial so verändern, dass es den kognitiven Fähigkeiten der beiden Schüler entsprach. Des Weiteren war es ebenfalls sehr schwierig den Schülern den Begriff der Wahrscheinlichkeit und der Stochastik zu vermitteln.

Aber mit Unterstützung, Hilfestellung und Austausch während des Spieles zwischen Lehrperson und Schüler kann dieses Spiel durchaus mit einer Lerngruppe im Förderschwerpunkt Lernen realisiert werden.
In diesem Zusammenhang könnte man sich beispielsweise intensiver mit der Farbverteilung auseinandersetzen. Versuchen mit den Kindern zu erforschen woran es liegt, dass die Ameise bei hohen Wurfzahlen gewinnt. Als Vergleich könnte man ferner in einem zweiten Schritt einen Würfel mit einer normalen Farbverteilung nutzen.
Abschließend lässt sich über dieses Spiel sagen, dass die Umsetzung für eine Förderschule mit dem Förderschwerpunkt Lernen sehr schwierig sein kann. Wobei natürlich immer besonderes Augenmerk auf die Lernvoraussetzungen der Schüler/Innen zu legen ist. Gleichzeitig bedeutet Fördern auch Fordern, sodass ein solches Spiel mit den geeigneten Anschauungsmitteln auch für Schüler mit dem Förderschwerpunkt Lernen sinnvoll sein kann, um das selbstständige Arbeiten zu fördern und sich mit neuen Gebieten auseinander zusetzen.

8. Resümee

Das Konzept Mathe 2000 kommt Schüler/Innen mit Lernschwierigkeiten ebenso wie Regelschülern entgegen, weil unter anderem ein kompletter Themenkomplex nicht stringent durchgeführt werden muss. Sondern verschiedene Aspekte treten in unterschiedlichen Lernumgebungen auf.
Das aktiv-entdeckende Lernen fördert wie in den vorherigen Kapiteln bereits erwähnt die Benutzung eigener Lernwege von Schülern. Laut Opitz/Schmassmann (2004) gehen Kinder mit Lernschwierigkeiten häufig umständliche Wege, die auch für den Lehrer häufig schwer nachvollziehbar sind. Das liegt auch an den fehlenden basalen Fähigkeiten und an fehlenden Vorkenntnissen. Schüler verstehen häufig nicht die vorgegebenen

Lösungswege oder vermischen sie mit ihren eigenen und machen deswegen Fehler.
Die halbschriftlichen Rechenstrategien kann man ebenfalls im Unterricht einsetzen. Dort geht es dann nicht darum, dass die Kinder möglichst viele verschiedene Wege erlernen und verstehen, sondern den Weg finden, mit dem sie am Besten zurecht kommen.

Auch der soziale Austausch ist ein weiterer wichtiger Aspekt im Unterricht, auch für Schüler mit dem Förderschwerpunkt Lernen. Wie die Regelschüler auch, lernen und üben sie hier ihren Rechenweg vorzustellen und zu erläutern. In diesem sozialen Austausch hat jeder Schüler die Möglichkeit zu Wort zu kommen.

Das Protokollieren des Rechenweges hilft den Schülern ihre Schritte und Gedanken zu ordnen, wobei immer geschaut werden muss, wann die Protokollierung im Unterricht sinnvoll ist. Denn das Protokollieren kann bei Kindern mit Schwierigkeiten in der Graphomotorik zu Frustrationen führen, die das Lernen negativ beeinflussen können. Ebenso könnte bei Kindern mit Migrationshintergrund die sprachliche und schriftliche Kompetenz nicht ausreichen, um Notationen vorzunehmen.

Wie Scherer (1997) richtig sagt, kann auch das zählende Rechen bei Schüler/Innen von enormer Bedeutung sein. Diese Bedeutung tritt dann in Kraft wenn sie auf Grund ihrer kognitiven Fähigkeiten auf einer Ebene stehen bleiben und nicht die Zone der nächsten Entwicklung im Bereich Mathematik erreichen können und sich auch im unteren Zahlbereich noch unsicher fühlen.

Das Konzept Mathe 2000 beinhaltet verschiedene Übungsformen, die ebenfalls im Unterricht an einer Förderschule sinnvoll eingesetzt werden können. Zu diesen Übungen gehören:

- problemstrukturierte Übungen, diese können zum Beispiel Zahlenmauern sein, die zum Forschen, Probieren und Lösen von Problemen anregen. Ein Vorteil dieser Aufgaben ist, dass die Kinder hier keine Gleichungsdarstellung beherrschen müssen.

- Alltags- und sachstrukturierte Übungen lassen die Schüler/Innen erfahren, dass Mathematik eine Möglichkeit bietet Umwelt- und Alltagsdinge zu beschreiben. Zu dem können die im Mathematikunterricht erworbenen Fähigkeiten von den Schülern im Alltag benutzt werden, wie beispielsweise das Überschlagsrechnen beim Einkauf. Dadurch wird ihnen die Möglichkeit gegeben mathematische Ausdrücke mit ihren Erfahrungen zu verbinden. Das hilft bei dem Prozess ein mathematisches Verständnis aufzubauen. (vgl. Opitz/Schmassmann. 2004.).

Ferner ist die Art und der Umgang mit den „neuen Typen" von Aufgaben auch für Schüler mit dem Förderschwerpunkt Lernen sinnvoll. Solche Aufgaben könnten sein:

- Die Klasse plant einen Aufenthalt mit zwei Übernachtungen in einer größeren Stadt. Nun sollen die Kinder erarbeiten mit welchem Verkehrsmittel die Reise billiger wird. Mit der Bahn oder mit einem Busunternehmen (Dort soll es dann nur um die reine Hin- und Rückfahrt gehen, ohne die Mehrkosten wenn der Bus dort bleibt.) Die Kinder müssen selbst Erkundigungen einholen z.B. durch das Internet. Am Ende werden die einzelnen Preise verglichen.

- Die Kinder einer Klasse vergleichen einzelne Haustiere miteinander. Vergleichen Größe, Gewicht, Anschaffungspreis, Futterkosten. Dann könnten sie noch versuchen, ob sie Beziehungen zwischen verschiedenen Preisen und den einzelnen Größen der Tiere herstellen können. Wie z.B. je größer ein Tier, desto höher die Futterkosten im Monat.

- Im Rahmen einer Unterrichtseinheit zum Thema „Maße und Größen" könnten die Kinder:
  - sich gegenseitig messen
  - den Umgang mit Maßbändern üben

- Kriterien für richtiges und genaues Messen erarbeiten
- die Schreibweisen kennenlernen
- Größenunterschiede berechnen und miteinander vergleichen
- sich der Größe nach aufstellen

Kinder mit einem sonderpädagogischen Förderbedarf sollen und wollen selber entdecken und neue Inhalte kennen lernen. Auch sie wollen Rückmeldungen haben und zwar solche diese die sie auch verstehen. Demnach die neuen Prinzipien des Unterrichtes kompetenzorientiert wahrnehmen etc.
Abschließend lässt sich sagen, dass die Möglichkeit durchaus besteht die Ideen des Konzeptes Mathe 2000 für eine Förderschule zu adaptieren und umzusetzen. Gegebenenfalls ergeben sich je nach Klasse und Leistungsstand notwendige Differenzierungs- und Anpassungsmaßnahmen.

Denn wer Fehler macht, der arbeitet auch!!!

Literaturverzeichnis

Anderson, J.R. : Kognitive Psychologie. Eine Einführung. Übersetzt von Joachim Grabowski-Gellert, Stefan Granzoom und Ute Fehr. (Hrsg.) Angelika Albert in Spektrum der Wissenschaft. Heidelberg. 1988.

„betrifft: erziehung“ (Hrsg.) : Projektorientierter Unterricht – Lernen gegen die Schule? Weinheim und Basel. 1978.

Bleidick, U. : "Lernbehinderte gibt es eigentlich gar nicht. Oder: Wie man das Kind mit dem Bade ausschüttet". In: Z.f. Heilpädagogik 1980. 127-143.

Bohnsack, F. : Erziehung zur Demokratie John Deweys Pädagogik und ihre Bedeutung für die Reform unserer Schule. Otto Maier Verlag. Ravensburg. 1976.

Bonn, P. : Projekt – Projektorientierter Unterricht – Projektstudium. In: Wulf, C. (Hrsg.). Wörterbuch der Erziehung. München. 1974.

Brockhaus, F.A. (Hrsg.) : Brockhaus. Handbuch des Wissens in vier Bänden. Band 1. Leipzig. Brockaus. 1925.

Brockhaus, F.A. (Hrsg.) : Der große Brockhaus. 9. Band. F.A. Brockhaus. Wiesbaden. 1956.

Büchter, A. / Hußmann, S. / Leuders, T. / Prediger, S. (Hrsg.): Den Zufall im Griff? – Stochastische Vorstellungen fördern. In: PM Heft 4, 1-7. 2005.

Claußen, B. : Methodik der politischen Bildung. Westdeutscher Verlag. Opladen. 1981.

Dewey, J. : Erfahrung und Erziehung. In: Correll, W./Dewey, J./Handlin, O.: Reform des Erziehungsgedanken. Beltz Verlag. Weinheim. 1963.

Dewey, J. : Erziehung durch und für die Erfahrung. Stuttgart. 1986.

Dewey, J. : Demokratie und Erziehung. Georg Westermann Verlag. Braunschweig. 1964.

Dewey,J / Kilpatrick,W.H. : Der Projektplan. Grundlegung und Praxis. Weimar. 1935.

Die Schule in Nordrhein – Westfalen. Eine Schriftenreihe des Kultusministers (1977): Schule für Lernbehinderte (Sonderschule). Richtlinien und Beispielplan Mathematik. Greveb Verlag. Köln. 1977.

Dunker, L./Götz, B. : Projekt – Unterricht als Beitrag zur inneren Schulreform – Begründungen, Erfahrungen und Vorschläge zur Durchführung von Projektwochen. Armin Vaas Verlag. Ulm. 1984.

Fischbein, Efraim (1987): In: Büchter, Andreas; Hußmann, Stephan; Leuders, Timo; Prediger, Susanne (2005): Den Zufall im Griff? –Stochastische Vorstellungen fördern. In: PM Heft 4. 1-7.

Freudenthal, Prof. Dr. H. : Mathematik als pädagogische Aufgabe. Band 1. Ernst Klett Verlag. Stuttgart. 1973.

Freudenthal, Prof. Dr. H. : Mathematik als pädagogische Aufgabe. Band 2. Ernst Klett Verlag. Stuttgart. 1973.

Frey, K. : Die Projektmethode. Beltz Grüne Reihe. Weinheim Basel. 1995. 6. Auflage.

Galperin, P.J. : Zu Grundfragen der Psychologie. In: Keseling, G. (Hrsg.) : Studien zur kritischen Psychologie 16. Pahl-Rugenstein Verlag. Köln. 1980. Vom Verlag Volk und Wissen Volkseigener Verlag. Berlin/DDR. Genehmigte Lizenzausgabe.

Gudjons, H. : Handlungsorientiert lehren und lernen: Projektunterricht und Schüleraktivität. Klinkhardt Verlag. Bad Heilbronn. 1997. 5. Auflage.

Hackl, B. : Projektunterricht in der Praxis – Utopien, Frustration und Lösungswege. Österreichischer Studienverlag. Innsbruck. 1994.

Heimlich, U. / Wember, F.B. (Hrsg.): Didaktik des Unterrichts im FLS. Ein Handbuch für Studium und Praxis. Kohlhammer Verlag. Stuttgart. 2007.

Herget, Wilfred: Wahrscheinlich? Zufall? Wahrscheinlich Zufall..., . In: Mathematik lehren.1997.

Hänsel, D. (Hrsg.) : Das Projektbuch Grundschule. Weinheim und Basel. 1995.

Ipfling, H.J. : Unterrichtsmethoden der Reformpädagogik. Julius Klinkhardt Verlag. Bad Heilbronn.

Kaiser, A./Kaiser, F.J. : Projektarbeit und Projektstudium in der Schule. Klinkhardt Verlag. Bad Heilbronn. 1977.

Klein, G. : In Didaktik des Unterrichts im FLS. Ein Handbuch für Studium und Praxis. Heimlich, U. Wember, F.B. (Hrsg.). Kohlhammer Verlag. Stuttgart. 2007.

Klippert, H. : Projektwochen – Arbeitshilfen für Lehrer und Schulkollegen. Beltz Verlag. Weinheim und Basel. 1985.

Koller, E. (Hrsg.): Lebensvoller Rechenunterricht. 6 Auflage. Franz Ehrenwirt Verlag. München. 1949.

Krauthausen, G. / Scherer, S. : Einführung in die Mathematikdidaktik. Elsevier GmbH. München. 2007. 3 Auflage.

Kühnel, J. : Methodik des Rechenunterrichts. Michael Prögel Verlag. Ansbach. 1927. Heft 6.

Kühnel, J. : Neubau des Rechenunterrichts. Julius Klinkhardt Verlag. Bad Heilbrunn. 1950.

Köck, P./Ott, H. (Hrsg.) : Wörterbuch für Erziehung und Unterricht. Auer Verlag GmbH. Donauwörth. 2002.

Laubis, J. : Vorhaben und Projekt im Unterricht. Ravensburg. 1976.

Leontjew, A. N. : Das Lernen als Problem oder Psychologie. In: Galperin, P.J. / Leontjew, A.N. u.a. (Hrsg.): Probleme der Lerntheorie. Volk und Wissen Volkseigener Verlag. Berlin. 1972[3].

Ministerium für Schule, Jugend und Kinder. (Hrsg.) : Richtlinien und Lehrpläne zur Erprobung für die Grundschule in Nordrhein-Westfalen. 2003.

Moser-Opitz, E. In: Didaktik des Unterrichts im Förderschwerpunkt Lernen. Ein Handbuch für Studium und Praxis. Heimlich, U. / Wember, F.B. (Hrsg.). Kohlhammer Verlag. Stuttgart. 2007.

Moser-Opitz, E. / Schmassmann, M. : Heilpädagogischer Kommentar zum Zahlenbuch. Klett und Balmer Verlag. Zug. 2004.

Moser-Opitz, E.: Rechenschwäche / Dyskalkulie. Theoretische Klärungen und empirische Studien an betroffenen Schülerinnen und Schülern. Haupt Verlag. Zug. 2007.

Scherer, P. : Entdeckendes Lernen im Mathematikunterricht der Schule für Lernbehinderte. Universitätsverlag Heidelberg. 1995. 2 Auflage.

Selter, Chr. : Mathematik in den Klassen 1-6. Skript zur Vorlesung. Wintersemester 2007/2008. Universität Dortmund.

Selter, Chr. : Mathematik in den Klassen 1-6. Reader zur Vorlesung. Wintersemester 2007/2008. Universität Dortmund.

Selter, Chr. : Einführung in die grundlegenden Ideen der Mathematikdidaktik. Reader zur Vorlesung. Sommersemester 2006. Universität Dortmund.

Selter, Chr. : Einführung in die grundlegenden Ideen der Mathematikdidaktik. Skript zur Vorlesung. Sommersemester 2006. Universität Dortmund.

Selter, Chr. / Spiegel H. : Wie Kinder rechnen. Klett Verlag. 1997.

Seneca, L.A. : Philosophische Schriften, An Lucillus. Briefe über Ethik, Bd. 4 Hrsg. Rosenbach, M. . Darmstadt. 1995.

Stach, R. : projektorientierter Unterricht – Theorie und Praxis. Aloys Henn Verlag. Ratingen – Kastellau – Düsseldorf. 1978.

Steinbring, H. / Müller, G.N. / Wittmann, E. Ch. : 10 Jahre „mathe 2000. Bilanz und Perspektiven. Universität Dortmund. 1997.

Sundermann, B. / Selter, Ch. : Beurteilen und Fördern im Mathematikunterricht. Cornelson Verlag Scriptor GmbH & Co. Kg. Berlin. 2006.

Verordnung über die sonderpädagogische Förderung, den Hausunterricht und die Schule für Kranke. (Ausbildungsordnung gemäß § 52 SchulG-AO-SF). Vom 29. April 2005 geändert durch Verordnung vom 13. Juli 2005 (SGV. NRW. 223.).

Werning R. / Lütje-Klose. S.: Einführung in die Pädagogik bei Lernbeeinträchtigungen. Reinhardt Verlag. 2006.

Wolpers H./ Götz, S.: Didaktik der Stochastik. Mathematikunterricht in der Sekundarstufe II. Band 3. Vieweg. Braunschweig. 2002.

Wollring, Bernd. Animistische Vorstellungen von Vor- und Grundschulkindern in stochastischen Situationen. In: Journal für Mathematikdidaktik. 1994. 15. 1-2.

Wygotski, L. : Ausgewählte Schriften. Band 2. Arbeiten zur psychischen Entwicklung der Persönlichkeit. Köln. Pahl-Rugenstein. 1987.